JN218396

PMの哲学

野村総合研究所　理事
室脇慶彦 著

日経BP社

はじめに

多くの若者はスマートフォンを駆使して情報を取得し、様々なサービスを使いこなしています。これを支えているのはITシステムです。あらゆるものがつながるIoT（モノのインターネット）は、まさにITシステムがもたらす世界そのものです。様々なものが人工知能（AI）に取って代わるとしたら、それこそITシステムの信頼の上に我々の生活があると考えてもいいでしょう。現在、および、将来を見据えたとき、ITシステムの影響力は大きくなる一方です。

注目したいのは、ITシステムの構造が限界になりつつあることです。現在のシステム構成は、中央集権的な統制システムを基本としています。例えば、社会システム（日銀システム、全銀システム、東京証券取引所システムなど）は、中心となる機関が接続する各機関に対して中央集権的な対応を求めます。当然のことですが、これらの中心となる機関が接続仕様の決定権を持ち、接続テストの内容や日程を各接続機関に通知し、対応時期や達成すべき品質を伝達します。まさに、中央集権的なシステム統制をガバナンスと称し、接続機関に強制しています。

しかし、中心となる機関同士も接続し、システムの接続がどんどん広がっていくと、どこかのシステムトラブルがあらゆるところに伝播しかねません。ちょうど、東京の鉄道網のように、どこかの路線がトラブルを起こすと鉄道網全体に影響を起こすかのようです。鉄道網はほかの選択肢（タクシーやバスなど）がありますが、中央主権的なITシステムは機能を集中化しているが故に、影響範囲は甚大です。その範囲も東京だけではなく、日本中、いや世界中に一瞬にして重大な影響を及ぼすことも、今後は出てくると考えられます。

ここまでは社会システムの話でしたが、各企業内のシステムも巨大化し、ブラックボックス化しています。システムは複雑化し、統制が取れている状況とは言いがたいと思います。筆者には「EA（エンタープライズアーキテクチャー）」という幻は、そもそも実現不能なガバナンスを示しているように見えて仕方ありません。

システムは「マイクロサービス」の構造に

これからのITシステムは、独立かつ自律した中規模システムの集合体、すなわち「エコシステム群」にならざるを得ないと見ています。それぞれのシステムがある程度の機能範囲で独立し、責任を果たすエコシステムという考え方が主流になると考えられます。ある意味「システムの民主化」と言えるでしょう。ガバナンスを効かせた中央集権的なシステムから、自己責任による協調し合うシステムへの変革が起こると思います。

本来、地球環境システムにはガバナンスは存在しません。存在したとしても、「神」というあいまいな概念なのではないでしょうか。にもかかわらず地球の生態系は、それぞれの生命体が、地球環境に適応しながら必死に生きていく生態系を作り上げていると考えられます。

IT システムにおいても、その接続範囲は地球規模に広がる中で、それぞれのシステムが独立し、協調と競争の中で存在していく構造に変わっていく必要があると思います。例えば、どこかのシステムがストップしたとしても、影響範囲を極力低下させ、影響を受けるシステムが自ら回避策を選ぶようになると思います。そのためには、影響範囲が限定しやすい独立した中規模システムの開発が基本になっていくと考えます。最近では、これを「マイクロサービス」と呼んでいます。

こうした状況を踏まえ、本書は「中規模の IT プロジェクト」を対象に、「PM（プロジェクトマネジャー）はどうあるべきか」について、筆者の経験を踏まえて説明します。別の視点で言えば、大規模プロジェクトは中規模プロジェクトの集合体となるので、大規模プロジェクトのマネジャーから見て、個々の中規模プロジェクトを任せたい PM とはどういう人なのか、という観点でも述べていこうと思います。ここでいう中規模プロジェクトとは、一般的に言うサブシステムで、200 人月以下、2000 FP 以下になります。これ以上の規模になると「大規模プロジェクト」になるので、それについては筆者が執筆した前著『プロフェッショナル PM の神髄』（日経 BP 社）を参照してほしいと思います（ただし、この本にも、さらに大規模なプログラムレベルについては記述していませんのでご注意ください）。

ひと口に「PM」と言っても、様々な立場があると思います。ユーザー側でプロジェクト全体を仕切っている PM や、1 次請けの PM、2 次請け・3 次請けの受託会社の PM もいます。筆者は 1 次請けベンダーとして、ユーザー企業から多くの IT プロジェクトを支援・受託させていただいたので、その立場で、つまり、顧客に近い立場から見た PM 像として本書を書き進めます。実際、日本の SE の 75%はベンダーに所属しており、ベンダーの PM が実質的な責任を負うケースが日本では多いと思います（法的・契約的な責任は別です）。また、1 次請けの立場は、ユーザー側と 2 次請けの中間に位置しますので、ユーザーや 2 次請けの PM であっても、本書は参考になるでしょう。

「PM である前に SE であれ」

『プロフェッショナル PM の神髄』（以下、前著）を読んでくださった方もいると思いますので、前著と本書との違いについて説明します。一番の違いは想定しているシステム開発の規模です。前著は大規模なシステム開発を想定し、本書は中規模のシステム開発を想定しています。

先に大規模向けを書いたのは、問題プロジェクトはほぼすべて大規模プロジェクトであるにもかかわらず、書店に並ぶ多くの PM 本は大規模を想定していないことを問題視したからです。プロジェクトの規模に応じてマネジメント手法は異なるはずなのに、多くの PM 本は規模をあまり意識していないように思います。PM に必要と思われる技術を並べただけの本が多く、本によっては必要ないと思われる技術が丁寧に説明されたり、あるいは、非常に重要な技術が書かれていなかったりしています。

マネジメントは、システム開発の規模に応じて変える必要があります。大規模プロジェクトは前著を参考にしていただくとして、本書では中規模プロジェクトを取り上げます。

「問題プロジェクトはほぼすべて大規模だ」と書きましたが、プロジェクトを規模別に見たとき、圧倒的に多いのは中規模です。大規模であってもサブシステムに分割し、個々のサブシステムは中規模になり、それぞれにPMが付きます。先述したように今後は「マイクロサービス」と呼ぶ構成をとることが増えていくと考えられます。そのため、個々のシステム開発の規模は中規模になります。言い換えれば、ほとんどのPMは「中規模システム開発のPM」（本書で「PM」と書いたとき、中規模PMのことを指します）なのです。

中規模プロジェクトのPMは、PM専任ではなく、「PMである前にSE」でなければなりません。つまり、「プレイングマネジャー」であることが求められます。プレイングマネジャーであるPMは、チームをけん引し、顧客の求めるものを的確に把握し、ITシステムという形で実現していくことが求められます。その使命は、「自ら設計・開発したシステムが、自ら求める品質を保証し、定められた期間とコストで、着実に動くシステムを提供すること」です。

この本は従来のPM本と異なり、「SEとしてPMを実践していく本」です。ある意味これまでの形態とは違う形で、「あるべきPM像」を明らかにします。

PMは宮大工の棟梁と同じ

PM向けの本ですが、SEとして注意していくべきポイントも記述します。これはある意味、昨今のIT業界にある「パートナーへの丸投げ」への挑戦です。「パートナー」とはシステム開発の協力企業のことを意味し、一般的には2次請け・3次請けのベンダーです（本書では「パートナー」と書きます）。

宮大工の世界で言えば、棟梁に求められるのは、現場で働いている職人さんに仕事と段取りを割り当てることだけではありません。神社側の要望に基づき、社の造りは大社造りなのか神明造りなのか、また、千木の形や大きさ、鰹木のサイズや個数などを勘案しながら、その土地の方位や大きさを踏まえて、予算の範囲で設計し、神社側の要望をトータルに反映する必要があります。

さらに、建築工程では職人さんたちの仕事の出来栄えをチェックし、指導・育成しながら納期に合わせて完成させていく責任があります。時には自らカンナをかけ、設計図では表しきれない微妙な調整をします。その棟梁の背中を見ながら、そして、厳しくも温かい指導を受けながら、尊敬と憧憬を持って職人たちは、棟梁の下一致団結して、神社の完成を目指していくのです。ITプロジェクトのPMも、この棟梁と同じだと思います。

「いいものを作ってお客様に届ける」という物づくりの基本がPMに求められているのだと思います。そのために必要なことは、顧客の要件を取りまとめ、実際に動くシステムを設計・

開発し、一緒に働くエンジニアを指導し、そしてマネジメントも行うのが「PM」です。PMは、プロジェクトを「体感」し続けることが重要だと思います。

筆者は「ITプロジェクトの根幹は、品質であり、品質の原点は人にある」という揺るぎない信念を持っています。本書でもこの信念の下、今後の技術変化にも十分対応できるSEとしてのPM論を書いていきたいと思います。

2018年2月　筆者

第 3 章　PMBOKのポイント

第4章 PMがITプロジェクト全体で考慮すべき事項

第5章 SEとして重要なシステムデザインの視点

第6章 プロジェクト計画の策定

第 7 章 要件定義フェーズでのプロジェクトマネジメントの要諦

第 8 章 設計・開発フェーズでのプロジェクトマネジメントの要諦

第9章 検証フェーズでのプロジェクトマネジメントの要諦

第10章 移行でのプロジェクトマネジメントの要諦

第11章 PMの心得

第12章 ソフトウエアエンジニアリングの今後と対応

第1章

プロジェクトマネジメントの優先順位

プロジェクトマネジメントの基本は「品質（Quality）、コスト（Cost）、納期（Delivery）」のバランスだと言われます。まずは、それぞれの言葉の定義をしたいと思います。「堅い話から入るんだな」と思うかもしれませんが、ITプロジェクトでは、言葉の定義は重要です。言葉の定義を明確にすることで、同じ事象を違う言葉で表現することを回避します。

例えば「DB」という言葉があります。皆さんの多くは「データベース」だと認識するでしょうが、業界によっては全く違うことを想定します。筆者は年金関係も専門なので、その頭で考えると、DBと聞いて真っ先に頭に浮かぶのは「Defined Benefit」、つまり「確定給付年金」です。

業務においても使う言葉が異なるので、システム単位で「用語集」を整備することは重要です。該当業務の用語を理解することは、実際の業務を理解するのに有効です。これは、SEとしての基本だと思います。

1-1 「Q：品質」とは

まずは「品質」を定義します。結論から言うと「品質とは顧客満足度」です。品質を「製造品質」として捉える方が多いように思いますが、それはあくまで品質の1つでしかありません。一般的に品質特性は、機能性・信頼性・使用性・効率性・保守性・移植性の６つの特性からなると定義されています。どの特性を重視するかは、そのプロジェクトの特異性に応じて考える必要があります。

そう考えると、品質特性は、結果的に「機能品質」（非機能要件も機能品質に含まれます）と、「製造品質」の２つで捉えることが大切だと思います。６つの品質特性をバランスよくとるというよりは、プロジェクトの特性を見極めた上で、６つの品質特性を「機能品質」と「製造品質」に反映していくことがわかりやすいように思います。

例えば、24時間365日動き続ける必要のあるシステムと、半日程度で復旧できればよいシステムとでは、おのずと機能品質と製造品質の定義が異なります。また、パッケージソフトの開発では、当然移植性が重要な機能品質と定義されます。このように、プロジェクトの特性に応じて、機能品質と製造品質に具体的に落とし込んでいくことが重要で、それが顧客満足度を向上させる鍵になります。

また、求められる品質を、測定できる形で具体的に表現することが重要です。そうすれば、想定していた品質が達成しているか未達成かが明確になり、品質を測定する具体的な基準をはっきりさせることができます。

1-2 「D：納期」とは

次に「納期」です。PMBOK にも明記されているプロジェクトの特徴の１つは「有期性」です。納期とは、「プロジェクトには終了がある」ということです。しかしながら、「システムは納品して終わり」というわけにはいきません。顧客は納品後に UAT（ユーザー受け入れテスト）を実施し、品質が担保されていると判断してからリリースし、リリース後に安定的に稼働したことをもってプロジェクト終了を宣言します。

ベンダー側も、リリースまでの UAT 期間は顧客への様々な対応のための支援契約を結び、開発体制をある程度維持します。また、リリース後も、保守契約や、安定稼働に向けた特別支援契約を顧客と結ぶのが一般的です。

また、設計書・プログラムなどの成果物の納品は、工程ごとに随時実施され、その都度、顧客は各工程の成果物を検収します。つまり、IT プロジェクトでは、段階的に納品と検収を繰り返しながら、プロジェクトが進んでいくことになります。

IT プロジェクトでは、顧客とベンダーが工程ごとのチェックポイントを互いに明確にすることが重要です。その上で、工程ごとに成果物とその確からしさを確認する。それが「終了」です。すなわち、「終了がある」ということは、各工程の終了条件と時期を定めて段階的に守ることにより、目標とするシステムのリリース時期を着実に守るということです。そういうマネジメントが求められ、それこそが「進捗管理」になります。

ここで重要なことは、進捗管理とは「成果物の確からしさを確認すること」です。読者のプロジェクトでも毎週のように進捗会議を開催していると思いますが、成果物の作成状況の確認、すなわち作業の終了確認になっているケースが多いように思います。本来は、成果物ごとの終了条件を基に「成果物の確からしさ」を測定した上で、進捗を管理すべきです。当然ながら成果物は工程ごとに異なりますし、成果物を作成する人、あるいは、承認する人の立場やスキルも成果物ごとに異なります。また、成果物をチェックする人ごとに確からしさを判断する基準が異なる可能性もあります。だからこそ、PMである皆さん自身の目で確からしさを確認することが重要なのです。

PMがそれぞれの工程で何をどうやって確認するか、成果物の確からしさをどのように測定するかは、顧客およびメンバーに事前にオープンにすることが重要です。これは、顧客やメンバーへの説明責任だけでなく、PMに対する情報提供の質を上げることにつながります。PMは何のためにどんな情報を収集しているかを共有することで、目的に合致した情報を得ることができます。

ゴルフでパーを着実に達成することに似ている

進捗管理の本質は、正しい品質管理（PM自ら確からしさを確認すること）をして初めて成り立ちます。「納期（Delivery）」

を守ることは「品質（Quality）」を守ることが前提なのです。

同時に、「そもそもいつまでに何ができていないと予定通りにリリースできないのか」という計画を作ることが重要です。ゴルフでは、長いコースの場合、1 打でホールに球を入れることは物理的に不可能ですから、いくつかの手順を経てホールに球を入れる必要があります。IT プロジェクトをゴルフにたとえると、パーを着実に達成していくことに似ていると思います。ゴルフでは、1 打、1 打の目標を決めて着実に進め、目標との違いを調整しながらホールを目指します。IT プロジェクトでもプロジェクト計画を定め、適切なチェックポイントを明確にする必要があります。先を予測して具体的な計画に落とし込むことが進捗管理のポイントです。

進捗管理とは、それぞれのチェックポイントで何を成果物として作成するかを定義し、計画に落とし込んだ上で、その成果物の確からしさ（品質）を計測し、計測結果を踏まえて、当初の計画との差分を明確にし、その差を是正しつつ適切にプロジェクトを運営していくことです。従って進捗管理は、品質管理が適切に実施されているかどうかが最大の鍵になります。

それを筆者は

Q（品質） ＞ D（納期）

と表現します。プロジェクト計画がしっかりしていて、品質問題が発生しなければ進捗管理はできるということです。

1-3 「C：コスト」とは

次に「コスト」です。「コスト」とは、いわゆる収支管理のことで、「収入」と「費用」の２面で考えます。収入は、当初契約時に決定した金額か、予算として計上した範囲になります。

一般的には、収入より費用に注力します。なぜなら、システム開発プロジェクトでは、想定した費用を上回るケースが多いからです。見積もり、あるいは、予算は、実際に作るものが完全に決まってない時点での概算です。バッファーと呼ばれる金額を設定するのが一般的ですが、そうなっていない場合もあります。

システム開発プロジェクトで想定されるコストは、人件費のほか、家賃や開発環境などの諸経費がありますが、基本的に人員数が決まればコストは期間で決まります。人員の妥当性は、見積もりが妥当であれば問題になりません。適切な見積もりを前提とすると、収支管理は、スケジュール通りにプロジェクトが進めればおのずと守られます。

筆者はそれを

D（納期）　＝　C（コスト）

と表現します。

1-4 QCDの優先順位

結論的に言うと、プロジェクト計画が適切に作成されていれば、次のようになります。

Q（品質） ＞ D（納期） ＝ C（コスト）

従ってプロジェクトマネジメントは、適切なプロジェクト計画を作成し、品質を重点的にマネジメントしていくことになるのです。

特に本書のターゲットである中規模プロジェクトの場合、PMが自ら品質を保証して進めます。これが本書の軸でもあります。「品質を自ら保証する」ということは、自らシステムの中身を検証できるSEであることが大前提です。そうした基本方針の下で話を進めます。

書店に並ぶほとんどのPM本は、「品質把握」に重きを置いておらず、「品質の測定」についてほとんど触れていません。PMBOKにおいても、（ITではない）一般的なプロジェクトでは品質測定はできている前提で、品質問題発生時の原因追究に重きを置いています。しかし、ITプロジェクトの場合、ソフトウエアは目に見えないため、品質を測定しにくいという特性を持っています。

現状のソフトウエア開発は、一つひとつのプログラムが全く異なる機能を有しているため、それぞれが異なる部品になります。システムは、そのような異なる部品を組み合わせて作っているのです。一般的な製造業であれば、規定された部品を組み合わせて製品を作るので、作った製品の品質チェックは画一的に実施できます。ソフトウエアはすべての部品が手作りで、組み合わせも手作りです。当然、いわゆるバグが入り込む可能性が非常に多く、その検出も難しい。そうした状況でいかに品質を測定し、対応していくことが求められるのです。それは実務的に難しく、そのため多くのPM本は避けているように感じます。

本書では、品質を軸としたITシステムのプロジェクトマネジメントを説明します。なお、本書では、今回対象にするシステム規模を「サブシステム」(2000FP規模。FPとはファンクションポイントのこと)、大規模システムを「機能システム」(1万FP~2万FP)、超大規模で会社全体のシステムを「トータルシステム」(10万FP超)と定義します。また、機能システムは階層構造、すなわち、機能システムレベルを複数持つ機能システムがあると考えています。

第2章

品質曲線

2-1 通常のプロジェクトの品質曲線

この章では、優先順位の高い「品質」について、詳しく見ていきます。品質は、時間とともに変化していくと考えられます。図2-1を参照してください。縦軸に品質、横軸に時間（フェーズ）を示し、グラフが上にあるほど品質が高いことを示しています。

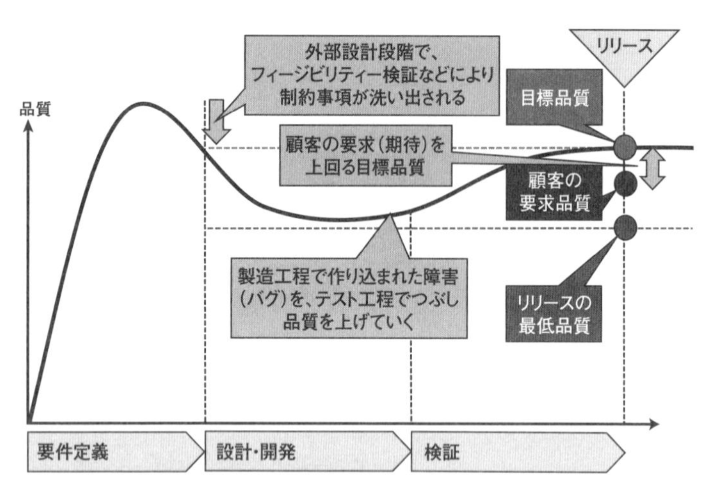

図2-1　通常のプロジェクトの品質曲線

2-1-1 ◆ 品質のピークと調整期間

図2-1を見るとわかりますが、プロジェクトが始まると品質

がどんどん高まっています。この間、ユーザー要件を把握しながら要件定義を進めており、システムの機能との整合性が高まり、品質（この場合は「機能品質」）は最大化します。

品質は要件定義フェーズの途中でピークを迎え、この後のリリースまでの期間は品質を調整する活動になります。この調整期間は大きく２つの活動からなります。

１つは「フィージビリティー（実現可能性）の調整」です。本書で対象としている中規模システムの場合、基本的に開発の前提となるシステム基盤や開発ルールが決まっています。すなわち、前提となるシステム基盤の制約を受けるということです。

例えば、何かをリアルタイムに表示したいというユーザーニーズがあったとして、システム基盤にそのような機能が備わっていなければ簡単には実装できません。システム基盤を改修するとなると、もはや中規模システムではなくなります。こういったケースでは、前提のシステム基盤で実現できる機能に代替することになります。例えば、「全顧客の応答を３秒以内」というニーズがあった場合、「特定の顧客のみ３秒以内」にするなど、前提となるシステム基盤で実装できるように工夫します。

前提となるシステム基盤でユーザーニーズが実現可能かどうかを確認する必要があります。実現性に疑義のあるものは、必要な設計や開発を実施して裏づけを取ります。実現の難しい機能は、機能を調整して現実的な要件定義にしていくのです。

調整期間の活動のもう１つは、「C（コスト）」「D（納期）」の調整です。ユーザーニーズを取りまとめると、当初の予定を上回る「機能」が盛り込まれるのが普通です。金額オーバーになるのです。レストランで料金を気にせずに注文したら、予算オーバー間違いなしですよね。予算オーバーになれば機能を調整します。ですが、この調整が厄介で、筆者の過去の経験で言うなら、多くのケースで機能を削らず、予算を上乗せすることが多かったように思います。「せっかくの機会なので機能を作ろう。後から作るより安く早くできるはずだ」と顧客が考えるからです。

ここで、もう1つ重要な制約条件があります。D、すなわち、スケジュール（納期）です。法的な対応（消費税対応など）や、会社の合併や新規事業の立ち上げ、ビジネス上の制約（クリスマス商戦に必要、早期対応しないと機会損失が多大）などがある場合、スケジュール厳守が品質条件になります。そうした場合、スケジュールを守るために、機能を調整し、当初予算を守るようにすることもあります。

筆者の過去の経験で言うなら、「小さく産んで大きく育てる」ことが重要だと思います。できるだけ機能は必要なものに絞り、エンハンス（メンテナンスより前向きな表現）しながら機能を向上させるのです。ここでのポイントは、「小さく疎結合なシステム構成にすること」です。

2-1-2 ◆ 3つの品質

図2-1 右の「リリース」と書いたところに、「目標品質」「顧客の要求品質」「リリースの最低品質」の3つを明記しています。

この3つの品質を解説します。

「顧客の要求品質」とは、顧客が期待している品質のことです。「期限通りに期待する機能品質と製造品質を満たしている状況」と定義できます。

「目標品質」とは、リリース時点の「目標」となる品質です。**図2-1**では「顧客の要求品質」を上回っています。人は、要求通りのものを手にしても満足しません。当たり前だと思うからです。要求を超えて初めて満足します。「思っていた以上に使いやすい」「画面が簡潔で見やすい」「思った以上に業務が効率よくなった」といった状況です。それ以外の付加的な顧客満足もあります。例えば、「リリース時のトラブルが想定以上に少なく、まれに見る安定したリリースが実現できた」「リリースまでの対応がスムーズで非常に信頼できるパートナーだった」「利用部門とシステム部門との調整、経営への的確な情報提供など、我々の立場に立って常に早めのマネジメントサービスを提供してもらった」などです。機能品質にとどまらず、サービス提供の範囲や質に対する満足や信頼というケースもあります。これらは基本的には、顧客により良いサービスを最大限提供し続けようと、プロとしてのスキルを最大限発揮し、努力することによって提供できるものです。

「リリースの最低品質」は、リリース可能な最低限の品質を表します。通常、顧客の業務が最低限実施可能な機能品質・製造品質のことです。「最低限実施可能な機能品質」から逸脱しているケースとは、例えば、重要な業務処理がシステム化されておらず、手作業が発生し、必要な業務量をこなせない状況です。そのほか、製造品質の不良によりトラブルが多発し、必要な業務量をこなせない場合も該当します。つまり「最低限実施可能な機能品質」とは、顧客の業務が何とか回るという最低限の機能を表します。顧客がシステムのリリースを受け入れるぎりぎりの線なので、顧客の本来の目的である「業務の効率化」などは達成できていない可能性が高く、顧客満足度は厳しいものにならざるを得ないです。

2-1-3 ◆ 品質中心で見た要件定義フェーズ

要件定義後の設計・開発フェーズで機能調整するのは避けるべきで、要件定義フェーズの中で機能を調整します。それを踏まえると、要件定義とは、「最大限顧客の要求を反映させた上で、実際に提供できる機能を、想定の製造品質で、予定の期限が守られる前提で、『提供可能な機能品質』を定義すること」になります。顧客の欲しい「要求定義」ではなく、顧客のニーズを最大限考慮した上で実現可能な「要件定義」を行う。プロフェッショナルなPMとして重要なミッションだと思います。

要件定義フェーズは概要設計工程と外部設計工程からなります。概要設計では、業務フローやDFDを明確化し、業務一覧・画面一覧・データベース一覧・入出力ファイルなどを明確にします。外部設計は、概要設計で明確にした画面などを具体的に設計する工程で、これにより、画面や帳票などが確定します。

要件定義（通常、外部設計レベル）が終了した時点の機能品質を「当たり前品質」や「上限品質」と呼びます。この後のフェーズは、基本的に「製造品質」の確保になります。

2-1-4 ◆ 品質中心で見た、設計・開発、検証フェーズ

要件定義の次は「設計・開発」フェーズで、このフェーズでは確定した機能品質を実現させるために、製造品質を保証します。製造品質を阻害するものとしては、①要件定義を十分に理解しないで設計するなど、前フェーズの理解不足による不良、②そもそもの設計・開発を間違えて発生する不良、③スキル不足による設計･開発の不良、④要件定義などの不良による不良、⑤要件定義で定義されていた機能を次フェーズで、一部、設計を漏らした不良など、大きなものでも5つあります。

設計工程と、詳細設計から単体テスト工程では、品質の測定方式が異なります。それぞれの工程を担当する人員のスキルと体制が異なるからです。各工程で品質を測定しながら、品質確保を継続的に行うことで製造品質を低下させず、次の検証フェーズにつないでいくことが重要です。

中規模プロジェクトの検証フェーズは、連結テストです。総合テストが必要なケースもありますが、中規模プロジェクトは通常サブシステムの構築が主体ですので、サブシステム間のテストが主体となる総合テストの規模は小さくなります。

機能品質が不良だと、ユーザーは「裏切られた」と思う

検証フェーズは、「自ら設計・開発したシステムが、顧客が

望む機能品質と製造品質を満たすと確認すること」になります。ここで起こり得る問題は、顧客の望む機能が満たされない、すなわち、機能品質に不良があるケースと、バグが多発して期限内に機能を確認できない、すなわち、製造品質が不十分なケースが考えられます。

機能品質の不良は、大きく2つの原因が考えられます。1つはそもそもの要件定義が不十分で、リリース品質に機能品質が達していない場合です。これはベンダー側から見ると「要件変更の多発」という現象になりますが、ユーザー側から見ると、「長年付き合ってきたベンダーなのに、現行の機能もわからないのか」「この分野の専門家を投入してプロジェクトを実行するから安心して任せてほしいと言っていたのに期待を裏切られた」「当初の要件定義では、後からちゃんと対応するからと承認を急かされたのに、今ごろ要件追加を全部くれというのはいかがなものか」などとなり、大いにもめます。問題の本質は、要件定義終了時点の品質測定にあります。本書では、要件定義の品質測定方法を詳しく説明します。

機能品質不良の原因の2つめは、要件定義事項を機能として正しく設計に落とし込むことができなかったため、リリースの最低品質に達しないケースです。これは、完全にベンダー側の問題です。品質保証責任のあるPMの問題で、背景には「パートナーへの丸投げ」や、「設計レビューが不十分であったこと」が想定されます。

製造品質は、①内部設計不良、②詳細設計不良、③開発（プ

ログラミング＋単体テスト）不良の3つが考えられます。これらの原因としても「パートナーへの丸投げ」や「設計レビューが不十分であったこと」が想定されます。設計・開発フェーズはベンダー側の責任になりますので、品質保証するPMの責任は重大です。設計・開発フェーズの品質管理方法は、本書で詳しく説明します。

検証フェーズの本質は「証明」

検証フェーズ以前の品質が担保された場合、以降は適切なテストケースを設定し、着実に実施し、すべての対応を行うことで最終的な品質を確保できます。すなわち、これまで実施してきたプロジェクトの成果物の正当性を、テストを通して証明する。これが検証フェーズの本質です。「テストは証明」なのです。もちろん、この工程で間違いがいくつか発見され、修正を行うことは当然あります。しかし、あくまでも「証明する」という考え方が重要です。

証明方法は、プロジェクトの特性に応じて変わります。例えば、現行システムの再構築であれば、現行機能が正しく作り込まれているかどうかを証明する必要があります。また、既存の手作業をシステム化する場合は、該当業務との整合性を確認する必要があります。極めて性能要件が厳しいシステムでは、非機能要件の確認が重要になります。このように「証明の仕方」はプロジェクトの特性ごとに異なります。

進捗状況によっても証明方法は変わります。例えば、仕様決定が一部遅れた場合の証明の順番の決め方、前フェーズでの品質状況が一部不十分だった場合のテスト実施内容の一部変更など、進捗状況に合わせた対応が必要です。

ここでのポイントは、要件定義フェーズと設計・開発フェーズを着実に進めてきたPMなら、検証フェーズは基本的には失敗しないということです。なぜなら、要件定義フェーズで該当プロジェクトの機能品質を十分作り込んでいますので、何を確認すべきかを十分認識しているはずだからです。また、製造品質に関しても着実に設計・開発フェーズで担保しつつ、何を証明すればいいのかを十分認識しているはずです。そういう意味では、中規模プロジェクトのPMは、システム全体の中身を知る唯一の人間なので、「先発完投型」が望ましいと言えます。1人のPMがプロジェクトの当初から終了まで一貫して対応するのです。

2-1-5 ◆ 品質目標を達成している品質曲線

これらのフェーズを経て、目標品質を達成しているのが28ページの**図2-1**で示した品質曲線です。本書ではこの品質曲線に沿って、達成すべき活動を時系列で解説します。その主眼は、「品質の作り込み」「品質の測定」「品質の保証」です。「品質の作り込み」は、PMがSEとして、各工程で成果物の品質を見極めながら、品質を高めることです。「品質の測定」は、各工程の終了条件を満たしているかどうかを測定することです。「品質の保証」は、測定結果を基に適切に手立てを講じ、当初計画した品質を保証することです。また、本書では、各工程に共通するマネジメント技術やマインドについても解説します。関連しているPMBOKにも言及するほか、SEとして求められる技術についてもポイントを解説します。

以下、プロジェクトがうまくいかない場合の品質曲線の推移について、「顧客の要求事項の把握が不十分なケース」と「製造工程での品質で破たんしたケース」について説明します。

2-2 「顧客の要求事項の把握が不十分」な場合の品質曲線

次ページの**図2-2**を参照してください。要件定義終了時点の品質（機能品質）が「リリースの最低品質」を下回っているケースです。

要件定義後の設計・開発が順調に推移し、検証フェーズの終盤に顧客が実際に使用し始めると、ベンダーの言う「要件変更」が頻発します。再度要件定義をしないといけないものが多発し、想定期間内に対応できない状況になってきます。結果的に、最低限のリリース品質レベルを目指すことになりますが、スケジュールが遅延するのは間違いありません。なぜこうなるかといえば、要件定義終了時点で適切に品質測定されておらず、要件定義の終了条件をクリアできずに次工程に進んだからです。

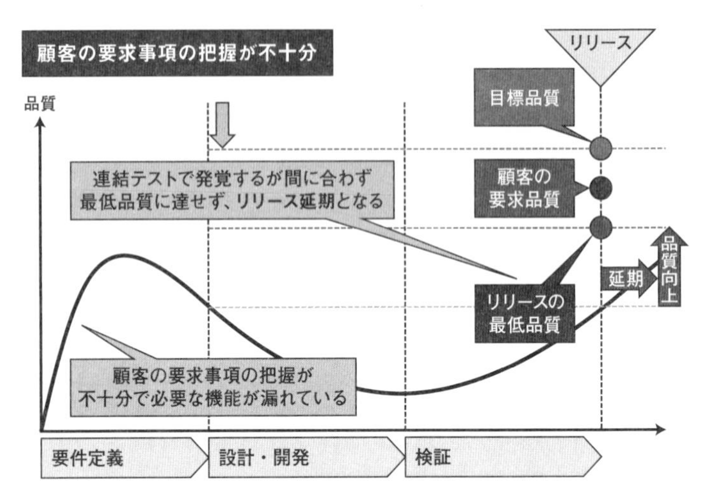

図2-2　顧客の要求事項の把握が不十分な場合の品質曲線

この手のプロジェクトは、テストのある時点までは順調なのですが、顧客検収の時点で判明することが多く、問題の検知が遅くなります。また、発見の仕方も「顧客の要件変更多発」という形で表れ、必ずしもベンダー側の責任と言い切れない状況で発生するため、責任の所在があいまいとなります。そのため、対応に入るのがさらに遅れる傾向があります。

この状況になると、顧客との関係は一気に悪化し、様々な交渉がうまく進まなくなり、開発・テストのリソースを抱えたまま、ずるずるとスケジュールが遅延していくことになります。リリースの最低品質を下回った状況でのリリースは、さらなる悲劇（顧客の実業務が回らなくなり、最終ユーザーに多大な損害を与えるなど）を生むので、顧客はリリース判断をしません。顧客もベンダーも最悪の事態に突入しながら、血みどろになりながらも、事態収拾が見えない状況になると想定されます。

2-3 「設計・開発フェーズの品質で破たんした」場合の品質曲線

次ページの**図 2-3** を参照してください。要件定義終了時点の品質（機能品質）は顧客の要求品質を満たしているものの、設計・開発フェーズで製造品質の担保ができずに急速に品質が悪化したケースです。

このケースは、連結テストの初期段階で品質問題が表面化します。プログラムを接続してテストを開始すると異常終了が頻発し、テストができない状況になります。予定したテストケースを消化しなくなり、テストのスケジュール遅れが拡大していきます。また、開発チームも開発よりバグの発見と対応に追われ、人員の追加などが行われますが、必要な教育時間を割けないため、なかなか効果が現れません。現場は混乱状態に陥っていくと思います。

テスト実施メンバーや検証メンバーは、適切なケース投入や検証が実施できず、待ち状態になり、特に顧客のユーザー部門の不満が爆発し、ユーザー部門の人員確保は困難になります。

結果的にスケジュールは遅延し、その責任はベンダー側にあると認識され、追加の費用は一切認められず、場合によっては、顧客から損害賠償を請求される場合があります。

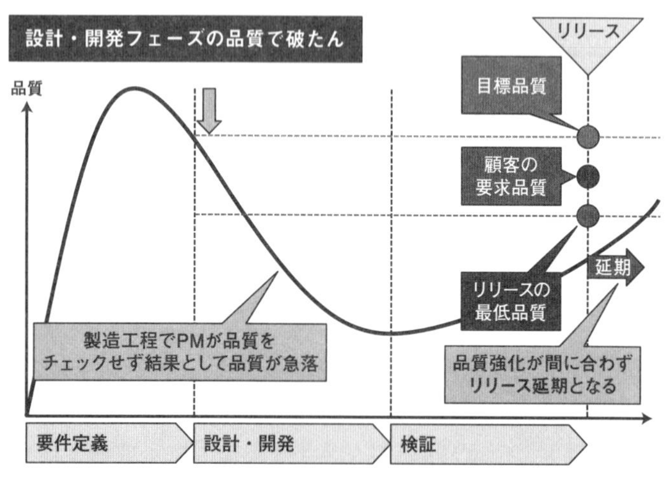

図2-3　設計・開発フェーズの品質で破たんした場合の品質曲線

本ケースの最大の問題は、設計・開発フェーズの終了条件を満たしていなかったにもかかわらず、それを把握できなかったことです。設計・開発フェーズで品質測定を適切に実施せず、品質の悪化を認識できなかったことも原因です。設計・開発フェーズをパートナーに丸投げし、PMが適切に中身を確認しなかったことに起因すると考えられます。

2-4 検証フェーズの不良

ここまで説明したように、多くのプロジェクトの失敗は、要件定義フェーズの不具合の検知不良や、設計・開発フェーズの不具合の検知不良に起因します。IT プロジェクトの場合、各フェーズでの品質測定の不良が最大の問題なのです。PM にとって、「品質」のマネジメントが最も重要であることを示しています。

ここで「検証フェーズの不良は起きないのか」と疑問にもたれる方がいらっしゃると思います。もちろん、検証フェーズの不良は起こり得ますが、検証フェーズだけの不良は起こりにくいと思います。一般的には、要件定義、設計・開発の各フェーズをしっかり実施できる PM は、何をテストで証明すべきかをよく理解していると考えられますので、基本的に検証フェーズだけ失敗することは無いと考えられます。

ただ、恐ろしいことに出来の悪い PM は失敗を重ねます。つまり、要件定義が不十分なプロジェクトの場合、テストで証明する範囲に齟齬を生じさせ、検証フェーズで実施するテストケースやテスト結果も不十分になります。要件定義の組み立て自体が問題になっているわけですから、検証フェーズの組み立てが正しい保証もなくなってしまいます。

また、設計・開発が不十分な場合は、設計内容を十分に確認していないと考えられますので、システムとしての機能をテストするためのテストケースの洗い出しが不十分な可能性が高いと考えられます。さらに、要件定義フェーズ、設計・開発フェーズの両方を失敗するケースも想定され、その場合は、検証フェーズも失敗することになります。

このように、出来の悪いPMはすべてのフェーズで失敗を招く可能性があります。失敗は重なって大きな問題プロジェクトになり、さらに問題は拡大し続けることになります。その大半の責任はPMにあると考えて間違いないのです。

第3章

PMBOKのポイント

PMBOKは、ITプロジェクトのためだけに作られたものではなく、一般的なプロジェクトに広く活用できると思われる共通の概念をまとめたものです。従って、PMBOK自体が認めているように、業界ごとに異なるプロジェクト特性が存在し、その特性に合わせたプロジェクトマネジメント手法が求められます。またPMBOKは、大規模プロジェクトを想定して書かれていますので、本書の対象である中規模プロジェクトとはそもそも異なります。そういう意味では、本書にはPMBOKは合わないことになります。また、書店に並ぶPM本では、PMBOKを金科玉条のごとくどんなプロジェクトにも適応しようとしており、それは明らかに間違っています。

しかし、実際には、中規模のITプロジェクトでもPMBOKは役立ちます。そこで本章では、PMBOKの趣旨に沿って、ITプロジェクトの特異性を踏まえ、中規模PMに重要なポイントを中心に解説します。

3-1 プロジェクトマネジメントの要点と解説

PMBOKでは「プロジェクト」を定義しており、その定義の中で特に重要な概念は「独自性」と「有期性」です。独自性とは、プロジェクトには同じものがないということです。つまり、プロジェクトはプロジェクトであるが故に「特異性」が存在するので、プロジェクトを成功させるには「特異性」に応じた対応が必要です。

わかりやすく言うと、「柳の下に二匹目のドジョウはいない」ということです。よくあるケースですが、過去のプロジェクトで経験し成功したやり方をそのまま適応すると失敗します。プロジェクトの成功体験は重要ですが、プロジェクトには「独自性」があるので、あくまで該当プロジェクトでの成功に限定されると理解すべきです。成功体験によるやり方や他プロジェクトの成功手法をそのまま適応しても成功しないのです。該当プロジェクトとこれまでに経験したプロジェクトの差分を見極めた上で、活用すべきこと、修正して活用すべきこと、あるいは、適用しないことを明確にすべきです。

必ず対応しなくてはならないことも、特異性を踏まえる必要があります。例えば、法制度が不明確な部分が存在するプロジェクトの場合、あらかじめ修正する時期や期間をスケジュール上に当初から組み込む必要があります。修正対応チームを見込んでおく必要があるかも知れません。このように、特異性に対して、プロジェクト計画の中でいかに対応するかが重要です。

もう１つの「有期性」もプロジェクトの重要な概念です。プロジェクトは、中止も含めて必ず終わりがあるということです。これと対をなす言葉として「継続業務」があり、IT プロジェクトでは「メンテナンス」のことになります。筆者は「有期性」という概念は、IT プロジェクトにとっては必ずしもいい影響を与えていないと考えます。なぜなら IT プロジェクトの場合、

「作りっぱなしになる」状況を生んでいるからです。例えば、メンテナンスやシステムの運用を意識したシステムになっていないケースがあると思いますが、それは「プロジェクトの有期性」と無関係ではないと思います。

ITではない一般的なプロジェクト、例えば工場のプラント構築プロジェクトの場合、稼働した時点の品質が一番高く、メンテナンスは、機能維持を中心とした活動に限定されます。ところがITプロジェクトの場合、メンテナンスによって機能がどんどん追加され、通常は機能品質が上がっていきます。ソフトウエアはそういう特性を持っているのです。従ってメンテナンスコストは、一般的なプロジェクトより大きくなる傾向があります。また、ソフトウエアは目に見えないため、メンテナンスをするために設計情報が重要な役割を担います。ITプロジェクトの場合、有期性というプロジェクトの重要な概念を踏まえた上で、いかにメンテナンスの生産性を担保し、必要な設計情報を着実に整備し、スムーズなメンテナンス体制に移行するかが重要です。作りっぱなしで設計情報が不十分な状態にしてはならないのです。

ある調査によると、現状のシステムコストに占める「ランザビジネス（現行ビジネスのためのシステム）」と「バリューアップビジネス（新しいビジネスのためのシステム）」の割合は8対2だそうです。ランザビジネスの主要なコストはメンテナンスコストだと思われるので、メンテナンスコストは企業の成長力強化の大きな足かせになっていると考えられます。単にコストだけでなく、「バリューアップビジネス」の対応スピードや柔軟性においても大きな障害になっていると考えられます。IT プロジェクトでは、特に、メンテナンスを重視したプロジェクトマネジメントを強化する必要があります。

3-2 マネジメントプロセスとフェーズ分け

PMBOK は5つのプロセス群（「立ち上げ」「計画」「実行」「監視・コントロール」「終結」）からなります。IT プロジェクトに置き換えると、「見積もり提案プロセス」「実施スケジュールの確定と契約」「要件定義・設計・開発・検証」「進捗確認・品質確認などのプロジェクトマネジメント」「納品・検収・リリース移行」になるでしょう。中規模以上のプロジェクトでは、要件定義フェーズや外部設計工程などの工程単位や、アプリケーション開発チームなどの機能単位ごとに、5つのプロセスが存在します。これを PMBOK では「フェーズ」と呼んでいます。IT プロジェクトでは、フェーズをどのように設計するかが重要です。このようなプロジェクトの設計を、PMBOK では「テーラリング」と呼んでいます。

本書では、中規模プロジェクトで想定される工程を定めた上で、工程単位に5つのプロセスを念頭において解説します。PMBOK に沿った解説にはなっていませんが、PMBOK の思想を踏まえた上での解説であると理解してください。

3-3 そのほかの重要な5つの概念

「独自性」と「有期性」のほか、筆者が重要と考える概念を説明します。それは、「制約条件のバランス」「段階的詳細化」「コンピテンシー」「ステークホルダーマネジメント」「PMイズム」です。順番に説明します。

3-3-1 ◆ 制約条件のバランス

プロジェクトの特異性は、制約条件によるものが大きいと考えられます。プロジェクトの制約条件とは、例えばスコープの制約があります。開発の対象範囲、例えば、該当サブシステムと接続しているサブシステムの開発まで含んでいると、そこに制約はあります。また、顧客との役割分担や担当工程などのスコープの制約条件があります。そのほか、エンドユーザーが使用できるようにユーザーインタフェース設計重視の品質の制約条件もあるでしょう。もちろん、極めてクリティカルなシステムでの製造品質の制約条件もあります。消費税対応などの制度対応の場合は、期限が大きな制約条件になります。予算などのコストの制約条件は必ずついて回ります。実際に開発する人的なリソースの制約もあります。例えば、必要な人員の確保の制約や必要なスキルを持つ人材の制約などです。プロジェクトは多くの制約を抱えていると考えられます。それ以外にも、最近特に叫ばれている労働条件（残業時間の制限など）、セキュリティ、個人情報保護、下請法遵守などの法的な制約も十分に考慮する必要があります。

こうした制約条件を洗い出す際、まずはプロジェクトの対象範囲（スコープ）を明確にしてQCDに関する制約条件を洗い出し、次に人的リソースを考えます。顧客側の人的リソースも対象で、顧客とベンダー双方の人的な質と量を明確にする必要があります。ITプロジェクトの場合は、工程ごとに求められるスキルが異なるので、十分な考慮が必要です。そのほか、開発環境、例えばテスト環境の有無や数、ネットワーク・開発端末などの数量や性能、セキュリティルールなどの制約があります。オフショア開発の有無などもあります。会議スペースや顧客との距離などの環境面も配慮する必要があります。

整理した制約条件を踏まえた上で、プロジェクトを終結までイメージし、各工程の具体的な進め方とタスクを洗い出します。つまり、プロジェクトのストーリーを作るのです。PMBOK的にいえばテーラリングです。これまで整理した制約条件を見極めた上で、タスクの優先順位を明確にし、制約条件のバランスをとりながらストーリーを作ることが重要です。同時に、制約条件とタスクの優先順位については、顧客と同意し、その上で制約条件のバランスをとって、最終的にストーリーに関して顧客と合意します。

3-3-2 ◆ 段階的詳細化

次は「段階的詳細化」です。これはITプロジェクトにおいて重要な概念です。本書では何回もこの言葉が登場すると思います。それだけ重要です。いきなりプロジェクトを最後まで詳細に全部見通すことはできないので、少しずつ具体化していく、少しずつ明確化していく、これが段階的詳細化の基本です。人間は神様ではないので全部のタスクが見えるわけがありません。具体的な活動をする中で、あいまいな目標を具体的な目標に落としていく。それが、段階的に詳細化していくということです。

通常、計画は変更されます。その際、段階的に詳細化し、計画をアジャストしていくことが重要です。プロジェクト進行中に改善すべきことが出てくることも多々ありますので、これらもプロジェクトに反映させていきます。

概要設計から外部設計へと段階的に詳細化し、詳細設計でプログラム単位に詳細化、コーディングでコードレベルまで最終的に詳細化されます。ここで重要なことは、疎結合に分解していくことです。プロジェクトの詳細化は、工程ごとにどんどん詳細化し、個人ごとのWBSにまで詳細化されます。このとき、それぞれ詳細化されたタスクは、疎結合、すなわち、独立したタスクにしていくことが大切です。最終的にタスクを行うのは個々人ですから、個々人が自分の責任で独立してタスクが行えるようにタスクを詳細化するのです。

そう考えると、ITプロジェクトマネジメントの本に必ずといってもいいほど出てくる「ネットワーク図」（**図 3-1**）はおかしな図です。

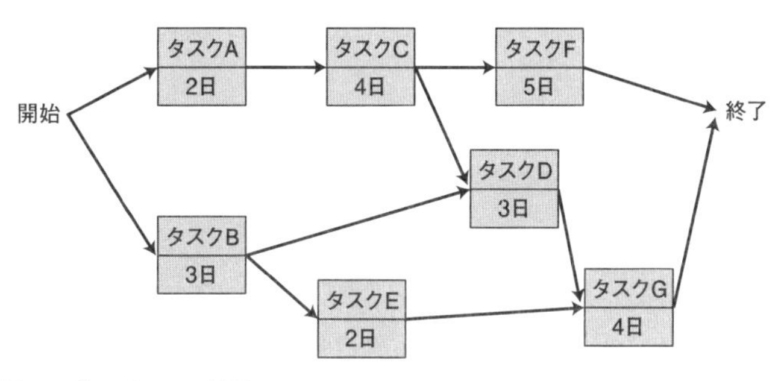

図3-1　ネットワーク図

例えば**図 3-1** のタスク D は、タスク A、タスク B、タスク C が終了していないと作業できないことを示しています。一見すると問題ないように見えますが、IT プロジェクトの場合、このような「密結合」のタスク分割をしてはいけません。このようなネットワーク図は百害あって一利なしです。どうしてもやるとしたら、同一メンバーが密結合のタスクをすべて担当することになります。通常、設計・開発フェーズでは、段階的に詳細化して疎のアウトプットに分割していきますので、このような複雑なタスク分割にはなりません（同一プログラムを複数人で対応するなら別ですが、そんなケースはないと思います。逆にそんな巨大なプログラムにするほうが問題です）。

クリティカルパスと混同しているように思います（**図 3-1** の

クリティカルパスはA→C→D→Gです)。ITプロジェクトのクリティカルパスは、あくまでもチェックポイントの組み合わせであり、工程レベルの次元で考えるべきことです。WBSは、あくまでも疎結合を大前提として詳細化すべきです。

3-3-3 ◆ コンピテンシー

PMには、専門知識だけでなく、知識をベースとして実際に実行できる「執行能力」が求められます。特に、中規模プロジェクトのPMは、SEとしての高い専門知識と執行能力を求められた上で、PMとしての知識と執行能力を求められます。さらに、いわゆるリーダーシップといわれる「人間性」も求められます。これは、ある種の集団で、共同でプロジェクトを完遂しなくてはいけないという宿命があるからだと思います。また、プロジェクトに携わるすべてのメンバーが十分な専門能力を持っているとは限りません。PMが正論を振りかざし、問題点のみを追究してもうまくいくわけがありません。システム開発の仕事は、所詮人が行うものですから、それぞれの人が積極的に主体性を持って助け合う風土の中で仕事を行うほうが、生産性も品質も高くなるのは当然です。そのことを、PMはよく理解する必要があります。

PMになる人は、おそらく、これまでメンバーとして優秀で、生産性も品質も、メンバーの中では一番だったと思います。だから、あなたと比較すると、メンバーの生産性は低く、成果物品質も低いのは当然です。しかし、すべての作業をあなた1人でできるわけがありません。あなたは適切な助言やアドバイスをすることで、メンバーの成長を促し、品質と生産性を向上させるのです。実際、そうすることは可能です。

時間は、どんなスーパーマンであっても余分に与えられることはありません。時間は、誰にも平等に与えられる大切な資源です。従って、人に任せる活動を増加させないと、あなた自身がプロジェクトのボトルネックになってしまいます。適切な助言とアドバイスだけで、メンバーが着実にアウトプットを出すことに感謝しましょう。

3-3-4 ◆ ステークホルダーマネジメント

本書で想定するプロジェクト規模の場合、主なステークホルダーは、顧客のユーザー部門、IT 部門、社内の報告ライン、パートナーの責任者になります。顧客の最終責任者は部長クラスが想定され、実施責任者は課長クラスと考えられます。顧客といっても、業務要件を決定する責任はユーザー部門であり、ユーザー部門の部長と課長がステークホルダーです。当然、IT 部門の部長と課長もステークホルダーになります。IT 部門は、実質的な契約窓口であり、ユーザー部門の要望に一緒になって応えていくことになります。

また、該当プロジェクトの対象システムと接続する既存システムとの調整は、IT 部門が行うことになりますので、これについても協力して対応することになります。

PM は、IT 部門の課長（実施責任者）の立場に立ち、ユーザー部門の課長（実施責任者）のためになる活動を行うことで、両者からの信頼を得ることに努めなければなりません。このバランスが、PMが行うべきステークホルダーマネジメントの中心です。顧客のユーザー部門やIT部門の部長に対しては、PMの上司である部長が中心となって良好な関係を保つように、上司である部長に働きかける必要があります。

また、実際の業務仕様を決定したり、システムの導入を進めたりするのは、顧客のユーザー部門やIT部門のプロジェクトメンバーです。その人たちに対応するのは、PMの直接の部下であるプロジェクトメンバーです。プロジェクトメンバーが、相対する顧客のメンバーと信頼関係を獲得し、スムーズに仕事を運べるように指導することもPMの重要な活動です。

顧客との関係作りは、部長を含む全プロジェクトメンバーと、すべての顧客の信頼関係を作ることです。信頼は、誠実さ（具体的には、顧客の立場でものを考える）と顧客が求める専門的な知識とスキルから生まれるものです。パートナーとの関係も、顧客同様の信頼関係を作ることが必要です。

3-3-5 ◆ PMイズム

PMに求められるプロとしての責任と社会的な責任を「PMイズム」と呼んでいます。ある意味、倫理規定です。法令遵守は当たり前です。昨今は、個人情報保護法の改定、働き方改革の一貫である労働基準法の遵守の徹底、下請法の遵守、LGBTへの配慮など、社会を取り巻く環境も厳しくなっています。また、社内の理念や倫理規定も重要な活動指針です。このようなコンプライアンスに配慮しつつ、プロフェッショナルとして技術のたゆまぬ研鑽を継続し、謙虚に自分自身を見つめ高みを目指し続けることが求められます。

さらに、プロジェクトマネジメントなどの技術を高めるために、情報の蓄積とプロセスの改善に努めなくてはなりません。これらの活動を通じ、プロジェクトメンバーへ良い影響を与えつつ、メンバーの育成に常に最大限の努力を注ぎ込むことが求められます。特に、SEとしての技術が根本的に求められ、プロジェクトメンバーから尊敬されるSEになっている必要があります。SEは職人でもあります。従って、腕の良いSEの言うことしか聞かない傾向があるのです。

3-4 9つの知識エリア

PMBOKには、9つの知識エリアを統合的にマネジメントする「プロジェクト統合マネジメント」という概念があります。以下、9つの知識エリアについて、順番に説明します。

3-4-1 ◆ プロジェクト・スコープ・マネジメント

プロジェクト・スコープ・マネジメントとは、すべての活動を網羅的に明確にすることで、対象範囲を明確にすることです。ここで重要なのは「スコープ記述書」です。これにより、プロジェクトが対象とするシステムとその対応内容を明確にします。PMBOKでは、具体的な「スコープ記述書」の定義はされず、WBSの記述という形で範囲を示します。しかしITプロジェクトでは、「スコープ記述書」を明確にしなければ、作業の網羅性を保証するのは困難です。後ほど、「サブシステム構成図」を紹介しますが、これがまさにITプロジェクトの「スコープ記述書」の重要な柱になります。

さらに、ITプロジェクトのストーリーを作ることが重要です。プロジェクト全体のストーリーからWBSに段階的に詳細化することで、タスクの抜け漏れを防ぐことができ、結果的にスコープが明らかになると考えるのです。これは、「プロジェクト統合マネジメント」としての活動になると考えられます。

3-4-2 ◆ プロジェクト・タイム・マネジメント

プロジェクトには「有期性」という概念があるので、時間という制約事項を厳格に示す必要があります。そういう意味では、WBSに時間的な制約を設ける活動と考えてもいいと思います。本書で対象としている規模では独自にルールを作る必要はなく、通常のスケジュール作成でいいでしょう。

PMBOKに記述はありませんが、段階的に詳細化していくので、各タスクの期間は、詳細化する前の全体感の中で目標期限を定める必要があります。そして、プロジェクトの進み具合を見ながら、順次各タスクを詳細化する中で、スケジュール、すなわち、目標期限を守れるように個別のタスクを調整し、見直しながら決定していくことが必要です。

3-4-3 ◆ プロジェクト・コスト・マネジメント

「コストマネジメント計画」「コスト見積もり」「予算設定」「コストコントロール」の4つのプロセスからなると定義されています。コストマネジメント計画は、プロジェクト計画の中に含まれると考えられます。IT プロジェクトの場合、コスト見積もりは、段階的に進めていく必要があり、その都度予算を見直していくことになります。このあたりの段取りやルールをコストマネジメント計画として事前に定義します。その上で、いかにコストの状況をつかみながらマネジメントするかがコストコントロールです。

いずれにしても、IT プロジェクトでは、工程ごとにどういう見積もりをし、管理をしていくかを明確にする必要があります。中規模プロジェクトの場合は、PM は日々の活動の中でコストに関しては体感しながらプロジェクトを進めていると考えられます。PMBOK では説明が無いですが、IT プロジェクトにおいては、工程ごとに見積もり精度が異なり、契約形態も異なります。これも重要なコストマネジメントです。

3-4-4 ◆ プロジェクト品質マネジメント

品質マネジメントは、「プロジェクトが取り組むべきニーズを満足させるために、品質方針、品質目標、品質に関する責任などを決定する母体組織のプロセスと活動を含む」という難しい定義になっています。「母体組織」とは、各社における品質に関するルールや品質管理部門の監査などの活動を指していると思います。

プロジェクトとして行うのは、「品質マネジメント計画」「品質保証」「品質コントロール」の3つのプロセスです。品質マネジメント計画では、品質保証・品質コントロールのプロセスの定義と品質基準を定義することです。そのこと自体は非常に重要ですが、PMBOKでは具体的なプロセスに触れておらず、品質改善に重きを置いています。

前述したようにITプロジェクトは対象となるソフトウエアが目に見えないため、品質測定が難しく、各工程で品質測定の仕方が異なります。これはITプロジェクトの特異性であり、PMBOKでは対象となっていません。品質保証という意味では、PMBOKには稼働後の製品の品質保証を含んでいません。当然ですが、ITプロジェクトでは、稼働後のメンテナンスが重要です。そういう観点もPMBOKには書かれていないのです。

3-4-5 ◆ 人的資源マネジメント

定義は「プロジェクトチームを組織し、マネジメントし、リードするためのプロセスと活動」で、これは当然重要な項目です。ITプロジェクトにおいては、体制の妥当性になります。工程ごとに体制が必要とするスキルと量が異なり、工程ごとにPMが発揮するスキルも異なります。

3-4-6 ◆ プロジェクト・コミュニケーション・マネジメント

定義は「プロジェクト情報の生成、収集、配布、保管、検索、最終的な破棄を、適宜、適切、かつ、確実に行うために必要なプロセスと活動」です。コミュニケーションが重要なのは実感していると思いますが、「破棄」まで入ることがポイントです。情報を伝えることが多いPMは、重要な情報ほどメンバーが正確に理解したかどうかを確認しなければなりません。つまり、コミュニケーションとは、自分中心でなく受け手中心なのです。

3-4-7 ◆ プロジェクト・リスク・マネジメント

プロジェクトにとってマイナスになる事象の発生確率と影響度を下げ、プラスとなる事象の発生確率と影響度を上げる活動です。後者は結構忘れがちで、例えば、優秀な人をプロジェクトに引っ張ってくるとか、よくわかっている顧客の担当者を巻き込んで責任者になってもらう、といったことが該当します。このように活動すると、想定よりも良い品質のシステムができます。どうやってプラスを作っていくか、どうやったらもっと良くなるかを常に考える必要があります。

すべてのリスクに対応しないこともポイントです。中規模プロジェクトの場合、PMはほとんどのリスクを予見でき、リスクの状況を見極めながら対応をしていくこともできると思います。ある意味、リスクを泳がしながら（認識しているが具体的には何もしない状態）、しきい値を超えたときに対応するという感覚を持つことだと思います。逆に、思わぬリスクが発生すること自体が問題です。なぜリスクの顕在化を予見できなかったか、何を見落としていたのかを大いに反省し、自分自身の問題点を明確にして今後に備えることが重要です。なぜならPMは、品質保証責任を負い、プロジェクトのことを常に熟知している必要があるからです。

ここでの問題は、リスクの顕在化を予想できなかったというPMのミスは、熟練した大規模PMレベルの人しか指摘できないことです。逆に、そういうスキルのある人は、あなた（PM）の成長を促すために、わざと気づかない振りをするかもしれません。いずれにしても、リスクの顕在化を予想できなかったという事実は、あなた自身が自ら戒め、対応することを促しています。そういう機会があなた自身を成長させます。

リスク対応をする際のポイントは、リスクは小さいうちにどんどん“食べる”ことです。リスクは、時間とともに拡大する傾向があります。早めの対応が、プロジェクトへの影響を最小限にするのです。

3-4-8 ◆ プロジェクト調達マネジメント

中規模プロジェクトの場合、開発環境は基本的に提供されている場合が多いと考えられますので、開発パートナーの確保と契約および役割分担が重要になります。人員数・スキル・契約・役割分担についても工程ごとに異なります。

3-4-9 ◆ プロジェクト・ステークホルダー・マネジメント

「プロジェクトに影響を与え、プロジェクトによって影響を受ける可能性がある個人やグループ、または、組織をステークホルダーといい、そのステークホルダーのプロジェクトに対する期待とプロジェクトへの影響力を分析し、ステークホルダーがプロジェクトの意思決定や実行に効果的に関与できるような適切なマネジメント戦略を策定するプロセスと活動」と定義されています。

顧客といってもいろいろな人がプロジェクトに関わっています。例えばシステム担当の人もいれば、システムの利用者もいれば、当然プロジェクトの責任者もいます。さらに顧客の顧客もいます。ベンダーの社内にもいろいろな立場の人がいます。課長、部長もいれば本社の関連部署の人もいます。当然パートナーもそうですね。

PMは、プロジェクトの要件に応じて、適切なステークホルダーと調整する必要があります。そのためには、それぞれのステークホルダーの役割と責任を定義し、具体的な活動に巻き込んでいくのです。例えば、システムを利用する顧客には、要件定義レビューの役割と責任を明確にし、実施してもらうレビュー内容に合意した上で実行してもらう必要があります。特に、顧客側のステークホルダーの役割と責任は、工程ごとに変化していきますので、その都度事前に調整が必要です。顧客を中心としたステークホルダーマネジメントが重要で、そのためには、まずは顧客からの信頼を得ることです。ポイントは、「SE」

としていかに信頼されるかだと思います。

3-4-10 ◆ 9つの知識エリアの6つのプロセス

9つの知識エリアは6つのプロセスからなります。それは、大きく3つに分けて考えると理解しやすいです。

第1は、プロジェクト憲章に基づいた上で、各プロジェクトに対応した「プロジェクトマネジメント計画書の作成」です。プロジェクト憲章とは、各社がシステム開発を行うための基本的な規定です。この規定に基づいて、プロジェクト計画の策定、策定すべき内容、報告すべき相手、タイミングと報告内容、予算の策定と承認方法などを決定します。本書は中規模プロジェクトを対象にしているので、これらは既にあるべきものとして進めます。プロジェクト計画は、前述した9つの知識エリアを前提として、さらにプロジェクトの特異性を踏まえた上で具体的に計画します。

第2は、プロジェクト計画に基づいて、プロジェクト作業の指揮・マネジメントを随時行い、プロジェクトや工程の終結に導く活動を行うことです。

第3は、第1第2が正しく行われていることをコントロールする活動、すなわち「プロジェクト作業の監視・コントロール」です。プロジェクト全体として常に行う必要がある「統合変更管理」です。

本書の対象となるプロジェクトは、このような機能に分別される必要がなく一体化されたプロジェクトであると捉えたほうが良いと考えます。状況に応じて対応することが重要で、ここで規定されたプロセス通りにやる必要はありません。このことは、PMBOK 全体についてもいえることです。

3-5 ITプロジェクト全体で考慮すべき事項

PMBOK では大規模プロジェクトを想定しているため、ある程度以上の細かいプロジェクトの内容を PM は知らない前提で考えられています。従って、本書のターゲットとする PM と基本的な立場が異なるのです。PM である前に SE であれという立場ではないので、実際のプロジェクトに PMBOK のプロセスをそのまま利用すると非効率です。

話は変わりますが、PMBOK のソフトウエア対応として、特に、アジャイル向けのガイドなどが作られています。そもそもアジャイル開発の本質は、極めて独立した機能を少数のメンバーで開発して提供することです。最近ではこの単位をマイクロサービスと呼び、その単位で実際のリリースを行います。リーダーも当然開発しますし、リーダーは開発スキルをリードできる存在です。そういうプロジェクトのマネジメントは、規模からすると PMBOK の前提と大きく異なります。そういう意味では、アジャイルへの PMBOK 適応は、考え方レベルは十分可能ですが、プロセス適応は基本的にお勧めできません。本書においては、規模的には、アジャイルが想定しているレベルか若干大きく、基本的には、ウォーターフォールモデルを前提としています。ただし、この規模のPMの基本的なスキルは、アジャイルにも十分活用できるものと考えています。

以下、ITプロジェクトで考慮すべき特異性を3点解説します。3点とは「品質」「現行機能保証」「メンテナンス」です。

3-5-1 ◆ 品質

PMBOKは、繰り返しになりますが、品質不良の原因追究と品質問題を起こさないためのプロセス改善に重きを置いています。このこと自体は重要なことですが、最も難しい品質不良の摘出に関しては不十分です。建物は建てたら不良が見えますが、ITプロジェクトではシステムを直接見ることはできません。ITプロジェクトでは、テストして、初めて品質問題が判明する場合が多いのです。テスト時点での多量の品質不良の判明は、あまりに遅くプロジェクトの成功は極めて難しくなります。

中規模プロジェクトの場合、要件定義が終了したときにその品質をPM自身が測定し、把握する必要があります。工程ごとに品質の測定方式が異なりますので、この点について重点的に解説します。また、自ら品質を保証するには、SEとしての設計力も重要です。そこで、過去の経験に基づいてよく問題になる設計、また、特に注意すべき重要な設計ポイントもいくつか解説します。

3-5-2 ◆ 現行機能保証

IT プロジェクトではほとんどの場合、現行で何か仕組みが動いており、それを作り替えるケースが多いです。でも PMBOK の場合、基本的に新しいモノを作るプロジェクトなので、現行機能保証はほとんど気にしていません。建物を考えると、PMBOK では「壊して造る」ことを想定しています。そのまま使うことはないわけです。IT プロジェクトのように基本的に現行システムがあり、その機能保証をするという前提に基づいて PMBOK は作られていません。

IT プロジェクトの場合、現行システムと各工程の設計書が乖離していることが多く、現行システムの分析を各工程で行う必要があります。この出来不出来が、プロジェクトの成功に密接に関係し、重要な活動になる場合がほとんどです。

また、現行システムがあれば、必ずシステム移行があります。プラントだったら新たな仕組みを稼働させ、現行のプラントを破棄すれば良いのですが、IT プロジェクトの場合は、既存システムを動かしながら、新しいシステムに短い期間で移し替えないといけません。場合によっては、現行から新システムに徐々に移行する場合もあります。これも PMBOK には触れられていません。

3-5-3 ◆ メンテナンス

3つめは「メンテナンス（エンハンス）」です。繰り返しになりますが、例えば建物で考えた場合、造った後は機能維持しかしません。リリースしたときが最高の品質で、後はこれを維持していくだけです。ところがソフトウエアは、追加で機能を開発したり改善したりして、大きく変貌します。そこが大きく異なります。PMBOKは、そもそも稼働後を対象にしていません。

これらのことを踏まえて、次章以降はPMBOKを離れ、中規模ITプロジェクトを想定して説明を続けます。「プロジェクト全体で必要な技術」「SEとして特に重要な設計のポイント」「工程ごとの具体的なプロジェクトマネジメントのポイント」の順に解説します。

第4章

PMがITプロジェクト全体で考慮すべき事項

4-1 体制

4-1-1 ◆体制の基本的な考え方

本書では中規模プロジェクトを想定しているので、既に関連するサブシステムが存在し、開発環境・処理方式・アプリケーション共通部品・標準化ルールは確立していると考えます。その前提では、アプリケーション開発中心のプロジェクトになり、基本的にPMがプロジェクトメンバー全員を把握する体制にするのが基本です。いわゆる「文鎮型」です。指示命令は、PMからメンバーに対して直接出します。ただし、受託契約をしているパートナーの社員には、パートナーの責任者を通して指示します。さらにPMは、パートナーのレビューに参加する必要があります。パートナーの作成した成果物を直接確認することによって、個々の成果物の品質状況を正確に把握するのです。常に品質を測定し続けることが、PMの最も重要な仕事です。

メンバーは経験もスキルも異なるので、比較的小さなチームをいくつか作ります。その際、各チームは機能的に疎結合となることが肝要です。それぞれのチームが独立して活動するには、疎結合でなければなりません。また、今後の人材育成や、PM自身が休暇あるいは体調不良になることを考えて、サブPMを置くことが一般的です。サブPMに任せる範囲を作ることもPMの仕事です。

中規模プロジェクトの場合、関連するシステムとの接続が前提になっているはずです。関連システムの修正や機能追加が必要になるので、これら関連システムとの機能分担・役割分担を明確にすることが重要です。さらに、接続仕様の決定、連結テストの時期およびテストの分担など、工程ごとにやるべきタスクの調整および責任分担を明確にしなければなりません。そのため体制図上では、関連システムの責任者を明確にします。PMが一部関連システムの改修を兼務するケースがありますが、その場合、担当関連システムの体制図は詳細なものが必要となり、PMが直接管理するプロジェクトとして、一体的にマネジメントする必要があります。

体制図には、誰がどのポジションにいて、何の責任を持つかを定義します。体制図には、PMが品質を保証すべきパートナーも含め全員の所属と氏名を記入します。関連システムに関しては、リーダーとサブリーダーの所属と氏名を明らかにしておきます。また、PMの上の層（プロジェクトの責任者とパートナー側の上級責任者）も明確にします。

特に重要なのは、顧客側の体制図です。ベンダー側の体制図と鏡の関係になるようにし、PMと相対するのは顧客の「何々さん」など、各層の対応関係が明確になるように調整するほか、ユーザー部門・システム部門の責任者・メンバーも含めて作ります。これにより、プロジェクトに関わるすべての人員が明らかになります。

4-1-2 ◆ 役割分担の基本的な考え方

中規模PMは、担当システムのSEの責任者であることが求められます。従って、該当システムに対する顧客のニーズと目的を理解する必要があるほか、全開発工程のスキルが必要です。具体的には、実装可能な要件定義を行うスキルと、要件を実現する設計・開発スキル、当然作ったシステムの機能が十分であることを確認する連結テスト計画や連結テストを実施するスキルも必要になります。

これらの活動をPMが1人で全部行うわけではありません。1人でできることは限られています。では、PMは、何をすべきでしょうか。結論から言えば、「該当システムが、顧客の要求を満たし、正しく稼働することを自ら証明するために必要十分な最小限の活動を行うこと」だと言えます。しかし、実際の活動はプロジェクトの特異性によって異なるので、最終的には、自ら考えることがPMの仕事です。「証明するために必要十分な最小限の活動」を常に意識し、PMが自らの活動を定義するのです。特に重要なのは「十分」と「最小限の活動」です。これでは解説になりませんので、以下では、PMに求められる具体的な要件を明らかにし、それに必要なPMの活動について考えられるように、開発工程ごとに解説します。

要件定義（概要設計・外部設計）フェーズのPMの活動

要件定義フェーズでは、基本的にすべての内容をPMが把握します。特に概要設計レベルは、この後、概要設計書を見返す必要が無いくらい頭に叩き込む必要があります。同時に外部設計も、重要な部分は概要設計レベルの把握が必要です。それ以外に関しても、外部設計書のどこに何が書いているかを認識し、個々の記述内容の品質レベルを把握します。品質レベルによっては特定部分がプロジェクトリスクとなる可能性があるからです。品質基準をたとえクリアしたとしても、最低基準を満たしているだけのケースもあります。そのような品質のばらつきを把握することにより、リスクを予見できるのです。つまり、外部設計の中身を体感できるレベルの内容把握が必要です。

要件を実現する処理方式は、前提とするシステム基盤ですべて実現可能で、提示されている非機能要件も満たすことを確認します。もし、前提とするシステム基盤で実現できないとなると、体制変更（方式設計・処理方式の担当を置く必要、基盤の担当を置く必要）を検討する必要があります。この場合、プロジェクトが大規模化し、本書の対象とするPMでは、対応が困難となる場合があります。

接続するシステムとのインタフェースに関しても、PMはそのすべてを認識します。特に重要なものに関しては、具体的な項目レベルで認識します。

重要なことは、要件定義の内容が顧客の求めているものを満たしているかどうかを確認することです。つまり、要件定義の品質を測定し、品質を保証するのです。こうした観点で、PMがやるべきことを定義します。実際の各メンバーのタスクに関しては、必要なものをスケジュールに反映させます。

設計・開発（内部設計・詳細設計・コーディング・単体テスト）フェーズのPMの活動

PMは、重要機能の具体的な設計内容を把握します。メンバーごとに品質を作り込むスキルレベルを意識して状況を確認します。また、パートナーのリーダーのスキルレベルは、メンバー同様に状況を把握します。この工程でも、具体的な設計内容を自らチェックし、品質を自ら測定することが必要です。当然、品質測定の結果から、必要な品質保証活動を導き出す必要があります。その上で、PMがやるべきことを定義し、タスクとしてスケジュールに反映させます。時には、PM自身が設計するタスクもあります。内部設計工程までは内容をすべて把握し、詳細設計以降は重要機能に関して内容を把握します。

連結テスト工程のPMの活動

この工程は、「自分が正しく作ってきたか」の証明と、「顧客が要求している水準を満たしているか」の証明を行います。

「自分が正しく作ってきたか」については、2つの確認を行います。1つは「該当システムが設計通りに稼働するかどうかを確認すること」で、もう1つは「関連するシステムとの連携が設計通りに保証されているかどうかを確認すること」です。

「顧客が要求している水準を満たしているか」については、設計品質の妥当性を確認します。具体的には「要件を間違って認識している部分が無いこと」と、「そもそもの要件が正しいこと」を確認します。「顧客が要求している水準を満たしているか」を判断できるのは、顧客のユーザー部門です。一般的にはユーザー受け入れテストで顧客が確認します。そのためにも、プロジェクトの特性によっては、連結テストから一部顧客に参加してもらうことが必要です。

全工程にわたる PM の役割

体制上には記載していない、隠れた役割があります。ひと言で言えば、プロジェクトを推進する役割です。プロジェクトを推進するために、適切な状況を把握するための品質管理・進捗管理の仕組みを作ります。問題や課題・リスクを把握する仕組みも組み込み、その上で、それらを解決していく仕組みを作ります。その仕組みを活用し、プロジェクトの状況を正しく把握しながら、課題・リスクを解決し推進していくことが PM の役割です。このような観点で体制図を作ることによって、初めて良い体制図となり、成功するストーリーが作れます。

4-2 スケジュール

中規模プロジェクトのスケジュールは比較的作りやすいでしょう。というのも、PM 自身が中身を把握しているため、リリースまでのストーリーを描きやすいからです。逆に言うと、「スケジュールを PM が作ることによって、自分自身の中にあるストーリーを具体的に表現する」ということです。スケジュールの巧拙は、PM自身のスキルを反映しているのです。

開発環境・処理方式・アプリケーション共通部品・標準化ルールは整っていることを前提にすると、中規模プロジェクトは、基本的にアプリケーション開発となります。そのため、「要件定義フェーズ（概要設計・外部設計）」「設計・開発フェーズ（内部設計・詳細設計・コーディング・単体テスト）」「要件検証フェーズ（内部連結テスト・外部連結テスト・必要に応じて総合テスト・受け入れテスト）」「リリース・移行」の4つのフェーズが基本的なスケジュールの骨格になります。

スケジュールは、大きく2つの観点での記述が必要です。「マイルストーンレベルのスケジュール」と、「進捗管理のためのスケジュール」です。順番に説明します。

4-2-1 ◆ マイルストーンレベルのスケジュール

PMあるいはプロジェクトメンバーが、全体感を持ちながらストーリーを持って仕事を進めていくために必要となるスケジュールです。記述の粒度は、前述した4つのフェーズの各工程（概要設計・外部設計・内部設計・詳細設計・コーディング・単体テスト・内部連結テスト・外部連結テスト・リリース）レベルでの線表です。システムの特異性により、現行機能分析工程が必要なケースもあります。また、テスト工程のようにテストケースの設定などの準備工程が必要な場合もあります。

各工程の終了は、プロジェクトとして終了条件を満たしているかどうかを確認し判定するチェックポイントです。当然各工程の期限までに終了を判定することになります。つまり、プロジェクトに段階的なチェックポイントを設定し、プロジェクトの品質を工程ごとに測定して保証します。

顧客の重要な活動やタスクの終了時期に関しても明確にする必要があります。例えば、概要設計のレビュー時期・確認終了時期、外部設計のレビュー時期・確認終了時期、連結テストの参加時期などを明確にします。また、関連システムとのタスクと期限も明確にします。例えば、接続仕様の確定、テストデータのやり取りなどです。

プロジェクトメンバー全員がマイルストーンを常に意識しながら活動を進めることにより、全メンバーが共通の認識を持つことになるのです。

4-2-2 ◆ 進捗管理のためのスケジュール

実際にプロジェクトチームの進捗管理に使うスケジュールです。マイルストーンの各工程を漏れなく実現できるタスクにブレークダウンすることが必要で、ポイントは「漏れなく実現できる」です。ブレークダウンした詳細タスクをすべて実施することにより、マイルストーンの各工程を確実に実行できると保証することが重要です。

詳細タスクごとに担当者を明確にします。詳細タスクの粒度には2つのポイントがあります。第1に、そのタスクの終了が計測できることです。成果物が明確であることと、成果物の終了条件が明確であり、かつ、終了条件を満たしていることが証明可能なタスクに分割することです。概要設計書など大きな成果物は、章などに分割した成果物にする必要があります。

第2に、あくまで目安ですが、基本1週間程度で、終了が確認できるレベルにすることが重要です。進捗会議は1週間が基本的なサイクルと考えられますので、そのサイクルで進捗が確実に確認できる粒度にします。

また、成果物の終了条件を計測するために、必ず品質をチェックするプロセスがあるはずです。そのスケジュールを考慮します。担当者だけでなく、中身のチェックを行う人の名前、チェックする時期と期間を明確にします。

スケジュール表のタスクの粒度は異なる

スケジューリングするタスクの粒度は、最初大きく、徐々に細かくしていきます。例えば、2カ月を超える先のタスクに関しては、マイルストーンレベルの粒度でよく、3～4週間先になれば細かい粒度にします。プロジェクトの特性や進捗局面によっては1カ月以上先でもタスクの粒度を細かくする必要があるかもしれませんが、通常は、2カ月以上先のタスクはマイルストーンレベルでよく、それ以上詳細化する必要はありません。

スケジュール表は、現時点に近い部分と遠い部分ではタスクの粒度が異なり、週ごとに徐々に詳細化が進んでいくことになります。PMは、毎週スケジュールを段階的に詳細化し、各メンバーとタスクを調整します。

プロジェクトは常に動いています。PMは、プロジェクトの状況に合わせながら、かつ、マイルストーンを守りながら、問題を解決しリスクを低減するように、柔軟にスケジュールを更新します。

先々のタスクを無理に詳細化するのは、基本的に百害あって一利なしです。PMは神ではないので、詳細なタスクを先まで見通すのは不可能と考えたほうがいいです。実際に一緒に働いているメンバーが先を見据えて安心して仕事ができるレベルにタスクを詳細化し、かつ、マイルストーンとの整合性を常に確認していくことが重要です。ただし、タスクの詳細化は一律に実施するのではなく、重要性を鑑みて、詳細化を急ぐ必要のあるタスクは早く詳細化します。

メンバーごとにブレークダウンしたスケジュールが必要な場合が多々あります。例えば、1週間で外部設計の画面設計を行う場合、該当画面が複数あると、画面ごとの終了日時をわかるように個人ごとにタスク分割する必要があります。

週次でタスクを順次ブレークダウンしていく場合、最初は大きな粒度で担当者が決まり、3週間前になると各担当者が一段細かいレベルのタスクに分割します。その際、詳細化されたタスクをほかのメンバーに担当してもらうケースがあります。この場合は、原則その担当者が、担当してもらうメンバー（パートナーさんも含む）と調整します。調整がうまくいかない場合は、PMと相談して適切な担当者を調整します。毎週の進捗管理では、担当者が自分のタスクの詳細化をしたものを提出し、

PMと確認します。当然PMが担当者になったタスクに関しては、PMがタスクの詳細化を行うことになります。

PMは、毎週、マイルストーンから詳細化すべき工程を選択し、詳細化したタスクの担当を決めます。また、マイルストーンやスケジュールに記載されている担当者が、すべて適切に体制図に反映しているかどうかを確認します。

4-3 サブシステム構成図

サブシステム構成図では、該当プロジェクトの範囲を明確にします。通常は、今回開発するサブシステムと直接接続するすべてのサブシステムを含むサブシステム構成図を策定します。ただし、関連するサブシステムの集合体である機能システムでのテストが必要とされる場合は、機能システムを記載した上で、当該プロジェクトの範囲を明確にする必要があります。

機能システムのテストは、一般的に総合テストと言われ、顧客の受け入れテストをかねる場合が一般的です。サブシステム構成図は、対象のサブシステムがすべて記載されていますので、すべての対象サブシステムごとに、体制図で担当者が明確になっているかどうかを確認する必要があります。

「体制図」「スケジュール」「サブシステム構成図」の3つは、筆者の所属する野村総合研究所（NRI）では「三種の神器」と呼び、プロジェクトマネジメントの最も重要なツールとしています。プロジェクトとしての計画の妥当性を証明するドキュメントとして使われます。つまり、これら3つのドキュメントが常に整合性をもって、プロジェクトとして維持されていると、該当プロジェクトは正常化されている確率が高い、と経験的にNRIでは証明されているのです。三種の神器については、第6章で詳しく説明します。

本来の「三種の神器」

横道にそれますが、そもそも三種の神器とは、以下の3つのことを指します。

・八咫鏡（やたのかがみ）
　神宮（伊勢神宮の内宮）のご神体として安置されている
・天叢雲剣（あめのむらくものつるぎ）
　後に草薙剣（くさなぎのつるぎ）と呼ばれる熱田神宮のご神体である
・八尺瓊勾玉（やさかにのまがたま）
　皇居に奉安されている

この3つの神器を持つことは「天皇が天皇である印（しるし）」とされています。皇居には八尺瓊勾玉と、ほかの2つの「レプリカ」が祭られており、天皇が崩御された際には神器を受け継ぐ儀式が速やかに行われます。歴代天皇が千年以上にわたり受け継いできた、日本において最も大切な三種の宝です。

4-4 標準化

PMは標準化に関して最低限の対応のみ行い、軽視する傾向があります。なぜなら、PM自身が成果物を自分の目で見て確認できるからです。成果物は自分にとって理解できるものであればよく、それ以上の標準化ルールに必要性を感じていません。標準化ルールを一部無視し、自分のやりやすいルールでプロジェクトを実行するほうが、品質を保証でき、生産性も高く、プロジェクトが確実に成功するとPMは思っています。

しかし、プロジェクト内で暗黙知化された記号・略称・実現方式などがあると、成果物に記号で記述したり、暗黙の実現方式の記述が省略されたりする場合もあります。このような場合、経緯を知らないメンバーがメンテナンスをすると、大きなトラブルの原因になります。PMが違う組織に異動すると、プロジェクトメンバーとルールを共有できない可能性が高く、新たなPMは既存の成果物を理解するのに大変苦労します。機能システム内で成果物の記述ルールが異なることになり混乱を招きます。

ITプロジェクトはメンテナンスの効率と品質を重視する必要があるので、標準化については、最低限機能システムで定めるルールを守ることが求められます。標準化を守ることで、ログメッセージ出力、プログラム論理パターンの指定、データベースのコールシーケンスなど機能システムとして共通化すべきことが必然的に保証されます。これは大きなメリットです。

4-5 品質保証の考え方

品質保証に関しては、「品質の作り込み」「品質保証プロセスの設計」「実物実査の設計」の3点について、基本的な考え方を説明します。既に説明したように品質は「顧客満足度」であり、本書では「機能品質」と「製造品質」に分けて考えます。要件定義フェーズの肝は「機能品質」です。設計・開発フェーズの肝は「製造品質」です。検証フェーズでは「機能品質」と「製造品質」の両方を保証することになります。また、それぞれの工程で、品質を作り込む作業品質をどう担保していくかも重要です。

4-5-1 ◆ 品質の作り込み

品質を保証するために最も重要なことは、品質を作り込むことです。わかりやすく言えば、品質保証活動を行う前の成果物の品質を高く作ることです。品質を保証するといっても必ず限界があります。ですから、もともとの品質を高くすることが、最も確実で効果的です。

ITプロジェクトでの品質は、作業を行う人の品質が重要です。従って、成果物を作成する人の能力を上げる必要があります。ここでの能力には、成果物を作成する能力と、プロジェクトの対象業務に対する知識・経験（能力）があります。品質向上を図る上で重要なのは、この2つの能力を備えた優れた人材をそろえることです。優れた武将をそろえた軍隊は無敵です。

ただし、通常のITプロジェクトの場合、優れた人材だけを集めるのは困難です。メンバーの能力はバラバラなので、誰をどのようなタスクに振り分け、そして、メンバーごとに品質を予想しながら適切にマネジメントします。これが品質管理であり、PMの仕事です。

もう一つ重要なのは、品質を決定する人が、必ずしも作業者ではないケースが存在することです。概要設計などの場合、品質を決定するのは顧客です。いわゆるレビューア品質が重要になります。いくら優秀なSEが要件定義をしたとしても、レビューアである顧客の担当者の品質が悪いと十分な品質を確保できません。逆に、作業品質が必ずしも十分でない人が作業をしても、レビューアが優秀だと工数はかかりますが結果的には品質は担保されます。

標準化とツールの活用でミスを少なくする

しかしながら、どんなに優秀な人でも必ずミスをしますので、ミスを少なくする工夫が品質を向上させるもう1つの重要な活動です。大きく２つの方法があります。

第１は、標準化・デザインパターン・部品の活用です。標準化については前述しましたが、成果物の書式や粒度を定義することによりレビューがスムーズに行えるため、レビューの品質が高くなる効果があります。また、詳細設計などのデザインパターンを指定することにより、基本的なプログラムロジックや必要とされる共通機能が保証され、レビュー時のポイントが明確になり、作成とレビュー双方の生産性と品質が向上します。成果物のひな型を使えば、記述漏れがなくなり、記述ルールを効率よく反映させることが可能となり、結果的に品質が向上します。

第２はツールの活用です。ツール活用の前提は、設計情報のリポジトリ化、設計情報が電子化されていることです。設計情報は２次元空間では表現できないので、N次元で表現が可能なリポジトリの活用が重要になります。

また、ツールの活用については、自動化と半自動化を使い分けることが肝要です。次ページの**図 4-1** は、概要設計からプログラムコードまでの情報を模式化した絵です。「情報量は工程を追うごとに大きくなる傾向があるが、前工程の情報をすべて次工程が含んでいるわけでは無い」ことを示しています。当たり前の話です。工程ごとに活動が異なり、段階的な詳細化の原則にのっとり、徐々に詳細化が進んでいくからです。

逆に言うと、リバースエンジニアリングの限界を表しています。プログラムコードをいくら分析しても、概要設計の情報をすべて作り出すことできません。わかりやすいところでは、プログラムコードにはシステムの目的は書かれていません。もっと言えば、プログラムコードには、画面・帳票の目的も書かれていません。

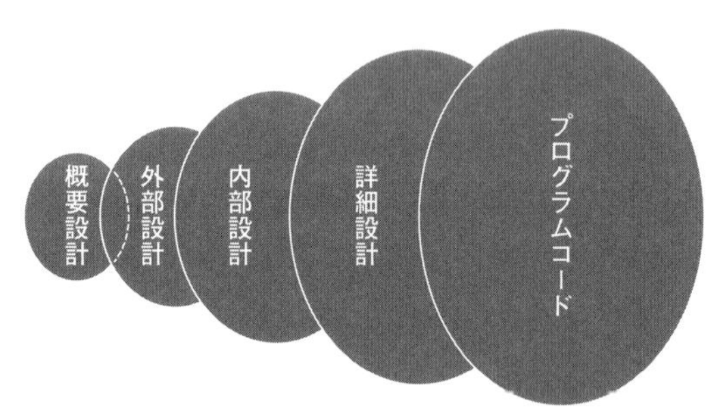

図4-1 設計情報の移り変わりのイメージ

目的と手段の関係を言えば、目的を果たすための手段は想定可能ですが、手段から目的を知ることは困難です。何を言いたいかと言うと、工程をまたがった完全自動化は不可能であると言うことです。自動化が可能なのは、前工程との共通な情報を次工程へ展開する部分だけです。これが「半自動化」です。半自動化とはトヨタの生産ラインでも用いられている重要な概念です。半自動化は、手作業と自動化を最適化します。

ソフトウエア開発のツール化は、様々な挑戦をし続けています。最も成功した完全自動化ツールは、長い間、当たり前のように使っているコンパイラです。コンパイラは、プログラム言語を利用することで、人が理解できるプログラム言語からコンピュータが理解できる機械語に変換してくれる自動化ツールです。言語のルールや変換辞書をコンパイラが持っているからできるわけですが、最大のポイントは、同一工程であり基本的に情報量が同じだというということです。つまり、同一工程内で情報量が等しい場合のみ、完全自動化が可能なのです。

このことを忘れて、工程間を自動化しようとしているツールはありますが、いずれも生産性、あるいは、品質に大きな問題を起こしています。こうしたツールは段階的に詳細化するという基本原則をねじ曲げ、前工程で次工程まで詳細化させています。これは「神への冒とく」でしょう。人間は、神と違い先を見通す力は限定されます。

ツールの活用は、品質・生産性を向上させるのに欠かせないものですが、上記の観点をよく理解した上での活用が求められます。また、標準化やツールについては、機能システムレベルのルールで規定されていることが基本です。

4-5-2 ◆ 品質保証プロセスの設計

前項で述べたように、メンバーの能力はバラバラです。そうした中で、一定以上の品質の成果物を生み出すようにしなければなりません。それが「品質保証プロセスの設計」の狙いです。「成果物を作成するプロセス」と「成果物を受け入れるプロセス」に分けて説明します。

成果物を作成するプロセス

最近の開発手法であるマイクロサービスでは、ペアプログラミングを品質保証プロセスとして活用しています。ただこれは、従来のアプリケーションアーキテクチャーと異なり、開発モデルもウォーターフォールモデルではありません。ここでは、多くの読者が行っている、ウォーターフォールモデルを前提にします。

基本的には、成果物の品質を上級者が保証します。上級者が成果物を全件レビューし、着実に問題点を指摘して適正化するプロセスを定義します。このためには、成果物の作成終了、上級者のレビュー、レビュー結果と指摘事項の記録、成果物の修正、上級者の再レビュー、再レビュー結果と指摘事項の記録、成果物の修正の必要性の判断（修正する場合は、成果物の修正のプロセスに戻ります）、などのプロセスの整備・記録すべき事項の定義・進捗報告基準を決める必要があります。場合によっては、品質管理者を置き、実際に作成側で確実に品質保証プロセスが実行されているかどうか確認する必要があります。

成果物を受け入れるプロセス

成果物を受け入れるプロセスには、大きく要件定義フェーズで顧客が行うべきプロセスと、設計・開発フェーズでパートナーが受託した設計・開発部分を受け入れるプロセスがあります。ここで重要なことは、受け入れ側にも品質保証プロセスが必要だということです。品質保証プロセスというより品質管理というほうが正しいと思います。例えば、顧客は、成果物が最終的に当初の目的を果たしたものであることを、実際に利用するユーザーに保証する必要があります。特に最近では、インターネットを介して提供するB2Cシステムも多く、最終消費者に訴求していく必要があります。依頼した成果物が当初の想定通りの品質であることを常に確認する必要があります。このように、結果的にユーザーに対して品質を保証する行為を、筆者は「品質管理」だと考えています。

パートナーに委託した場合も同様です。委託側であるベンダーは品質管理を誠実に行うことで、結果的に、顧客に品質を保証します。ここでのポイントは2つです。1つは、委託側の品質保証プロセスを理解し妥当性を確認した上で、正しく品質保証プロセスが稼働していることを確認すること。もう1つは、委託側の成果物を実査し、品質の妥当性を直接確認することです。実査の対象は、設計情報の重要性と作業量との勘案で、全件あるいは品質保証に必要な意図したサンプリングで抽出した成果物になります。

PMが、品質保証プロセスが正しく稼働していることを直接確認し、適切に抽出された成果物を直接確認することで、初めて品質を保証できます。また、これらを実施するには、体制が必要です。品質保証プロセスの実施と、実物実査を実施するためのケーパビリティー、すなわち、体制の設計も合わせて行うことが重要です。もちろん体制には、実施できるパワーと能力が確保されていることが大前提です。

4-6 見積もり

中規模プロジェクトの場合、大規模プロジェクトに比較すると見積もり精度は高いと考えられます。既に機能システムが存在していますから、開発環境・インフラ（処理方式、必要なハードウエア、基本ソフトウエアなど）・開発ルールなどが整備され、サブシステムレベルのアプリケーションのみの見積もりになるからです。そのほか、過去の機能システム構築の生産性などの実績データがある場合も多く、概要設計に入る前には、機能システムという枠の中でおおよその該当するサブシステム機能を顧客がイメージしていると考えられるからです。ラフなシステムデザインを顧客と共有でき、関連システムの生産性を基にした確度の高い見積もりが可能と考えられます。

PMは、SEとしてラフなデザインを顧客と共有することで、おおよその開発すべき規模と、関連する他サブシステムとそのサブシステムへのインパクトをイメージできなければなりません。また、同時に概要設計・外部設計終了までの設計上の主要なリスク、あるいは、プロジェクト上の主要なリスクを洗い出す能力が求められます。逆に、上記がイメージできるレベルのラフなデザインを行う必要があります。

中規模プロジェクトの見積もりとして適しているのは、プログラムステップ（以下、KLOC）での見積もりだと考えられます。

この規模ですと、積み上げで、かなりの確度で見積もれるはずです。

また、ファンクションポイント（以下、FP）もこの時点で算定し、見積もりに役立てます。FPの見積もりが必要な理由は2つあります。1つはKLOCでの見積もりの妥当性の確認です。FPの計測値と、該当システムが所属する機能システムでの生産性の実績、該当サブシステムの難易度を考慮して出された見積もりなどを比較することで、KLOCの見積もりの妥当性を確認できます。

もう1つは、KLOC見積もりでは、開発を終了しないとKLOC値を確定できないことです。基本的に最終的な見積もりは、外部設計工程終了時にほぼ確定させる必要があります。ところが、この時点ではプログラムは存在しておらず、KLOC値が超過なのか適正なのかを判断する具体的な定量評価が難しいのです。そういう意味では、FPのほうが顧客に説明しやすく、開発規模の調整に活用しやすいです。

ラフなデザインを基にした見積もりは、「ざっくりとした見積もり」にならざるを得ません。ここで重要なのが、この見積もりを目標として、顧客と合意形成することです。見積金額を保証するのではなく、見積金額の前提となる規模を顧客と約束するのです。

その上で、概要設計終了時には、上記規模を踏まえて調整します。当然、当初より規模が膨らむ場合は、見積金額も増加し、新たな規模の目標を顧客と約束することになります。最終的には、外部設計工程終了時点で規模を確定し、見積金額が確定します。そして、同時に要件変更のプロセスが稼働し、適切な規模・金額の調整を顧客と開始することになります。

いずれにしても、目標規模を明確にし、その規模に合わせていくマネジメントが重要です。なぜなら、規模が膨らむといくらお金を積まれても、期日を守ることができなくなる可能性があるからです。見積もりの見直しは、金額だけではなくプロジェクトのフィージビリティーの確認も必要です。

4-6-1 ◆ ファンクションポイントと見積もりについて

FPを使わざるを得ない現状

FP法は、システムの入出力およびマスターファイルに着眼し、そこから規模を類推する手法です。ある程度確立していますが、完璧ではなく問題点もあります。1つは計算式や複雑なチェックのロジックが多いと、調整係数だけでは調整できないケースが多いことです。筆者の経験では、金融の資産管理を行うシステムでは計算式が極端に多く、FP換算が通常の事務処理システムの3倍程度になった例もあります。また、バッチ主体のシステムは、基本的にFP法は不向きとされています。

筆者は従来のKLOCの見積もりによる規模の把握が可能であれば、それのほうが正確だと思っています。しかしながら、KLOCで見積もるには開発言語を特定する必要があり、多様な言語のバリエーションが存在する現状では、使えるケースが限られます。そのため、KLOCに代わる基準、つまりは『ものさし』がどうしても必要になり、現状ではFP法以上に世の中に広まっている基準は存在しないと思います。FP法は決して万能ではなく課題もありますが、現状を考えると、これを使っていかざるを得ないと考えています。

FPの計測と見積もりは違う

FP法で規模を見積もる際の考え方を説明します。なお、ここからは「FP法が向いているシステム」を前提とし、「FP法が向いていない」バッチ中心のシステムは対象外とします。

FP法では、最初に基準に沿って入出力やマスターファイルからFP値を計測します。これを「単純FP」と呼ぶことにします。単純FPは本来、誰が計測しても同じ数字が出るはずです。社内基準の整理や社内研修を通じて、そのような土台を築いていくことが必要です。

ただし、単純FPの算出は見積もりとは別です。システムには特性があり、その特性も1つのシステムで一律ではなく、サブシステム単位で考える必要があります。システムの特性を考慮し実際の規模がどの程度になるかを考えることが「見積もり」です（見積もりを実施して出したFP値を「単純FP」と区別するため「見積もり後FP」と呼ぶ）。「基準に沿って出したFP（単純FP）を社内の平均的な生産性で割って工数を出しました」では、とても「見積もりをした」とは言えません。加えて言えば、単純FPと見積もり後FP、そしてKLOCの実績を社内で蓄積していくことが重要です。蓄えた実績に対して傾向を分析し、どういうシステム特性の場合はどのような調整係数があるのかを見いだしていくことが、社内の見積もり手法の精緻化につながるのです。

なお、FP法でもシステム特性による影響を考慮した計算式がオプションとして存在し、基準により算出したFP値を調整前FP、影響度を考慮したものを調整後FPと呼びます。ただし、FP法では基本「調整前FP = FP」としており、調整後FPの振れ幅もあくまで「調整」の範囲を超えない程度であるため、ここではあえて別の言葉を使いました。

単純FPの計測は「ゴールまでの距離」にすぎません。例えば「ゴールまで100メートル」と出たとしても、その100メートルが舗装された平たんな道なのか、いばらや障害物の多いでこぼこ道なのかはわからないのです。へたをすると途中に崖があったり、そもそも海だったりするかもしれないのです。ある程度の土地勘があれば良いが、新しい顧客や知見のない業務の場合、「どういう道なのかを見に行く」ことが必要になります。

筆者もその昔、日本にある新制度が導入される際の仕事に携わったことがあります。日本の制度や法律がどうなるか決まっていないところから設計することになったのですが、まず米国の制度を勉強し、米国の仕組みを勉強し、日本との違いを洗い出しました。そして、新業務での全業務のフローを把握したのです。すべての業務フローを押さえたことで、大きく見積もりを外すことはありませんでした。「どういう道なのか、必要なら実際に見に行って考える」ことが見積もりです。いくつかの画面や帳票をそろえた程度では、見積もりはできません。

ただ、マイクロサービスでは、見積もりの考え方が大きく変わります。処理方式が統一されるため見積もり手法が安定し、品質保証されたサービスを多用するため見積もりは規模ベースではなくなります。このあたりは、筆者自身の研究テーマだと思っています。みなさんも新しい技術に挑戦してください。

4-7 収支管理

収支管理は、あまり気にしなくてもいいと考えています。特に中規模プロジェクトの場合、ハードウエアを含むインフラのコストなどは対象外になり、サブシステムレベルのアプリケーションのみが対象となると考えられます。そもそもPMが管理する範囲が限定的で、しかもPM自身が、プロジェクトの活動内容を熟知しているからです。

ここでは基本的なことを理解していないSEを対象に、収入コントロールと支出コントロールのポイントを解説します。

4-7-1 ◆ 収入コントロール

収入コントロールという考え方は、あまり一般的ではないように思いますが、非常に重要です。収入は不変なもの、もっと言えば、増加できないと考えがちですが、実際はそんなことはありません。追加開発があれば、その分をきっちり支払ってもらえるものです。筆者の経験では、いかなる顧客（同業他社から極めてお金がとりにくいと評判の顧客）でも、きっちりお支払いしていただいております。お金をいただくポイントについて説明したいと思います。

まず、契約の前提条件を明確にすることです。そうすれば、追加かどうかが明らかになります。提案書などに約束する活動・成果物範囲を明確にします。契約に入っていない活動・設備などを羅列するより、契約に入っている活動と開発する規模を明確にするほうがわかりやすい提案となります。それ以外は、お金・期間を含めて相談する形がいいと思います。成果物に関しては、書式や粒度を事前に例示を含め提示します。同時に、顧客が行うべきタスクを明確にすることで全体として必要なタスクを示すことが重要です。万が一、顧客側で履行されない場合の条件についてもあらかじめ明確化します。これにより、顧客も含めた全体のタスクや役割、開発する規模を明確にし、ベンダーが責任を追うべき範囲を明確に宣言します。

顧客の追加のコスト負担で特に重要なのは、要件追加（規模の増加）・要件変更のリスクをどう見るかです。まず、工程ごとに段階的に見積もりのチェックポイントを設け、着実に精度を上げ、見積もりがぶれない時点で最終見積もりを行うプロセスを顧客と同意します。そして、当初の規模を増加させないように、各チェックポイントで要件の優先順位をつけて規模の見直しをするプロセスを設けます。その上で、規模の拡大に対する場合のコストの取り扱いについて顧客と合意する必要があります。

ただし、規模が大きくなるとスケジュール・品質が守れなくなるので、ただお金をもらえばいいというものではありません。チェックポイントでの規模の見直しは、プロジェクトとしてのフィージビリティーの確認も同時に行う必要があります。

お金の支払いに関しては、顧客によって異なります。一番好ましいケースは、追加理由が明確であれば、その都度コストの追加を比較的自由に認めていただける顧客です。これは、ベンダー側の説明責任と顧客にとっての必要性を明確にし、規模拡大時点での取り扱いについて顧客と事前に確認していればいいと思います。

よくあるケースは、顧客が設定した予算を変更することが困難な場合です。このケースでは、いわゆるバッファーを積んで予算内で提案し、見積もることになります。目標とする規模と提案で最大受け入れ可能な規模を明示しながら見積もり、その後は要件変更も含めて調整します。つまり、提案金額と予算の差の範囲で要件変更を調整することになります。

いずれにしても、オープンで明確な規模拡大に関するルールを顧客と作り、互いに目標を共有し、互いの信頼関係を醸成することが肝要です。顧客が満足していれば、必ずお金はついて来ます。お客様が喜んでいる状態を作ることが最大の収入コントロールです。

現行システムの凍結を顧客に宣言してもらう

要件変更には2種類あることを認識する必要があります。1つは原則的に対応するもので、もう1つは対応するか否かを案件ごとに確認するものです。

1つめは、いわゆる現行システムで対応した機能を新システムに追加対応するケースです。いわゆる追いつき案件です。これは必ず発生しますので、取り扱いについて事前に明確にする必要があります。まず、何月何日現在の現行システムのバージョンを、新システムの基準にするかを宣言します。それ以降は、要件変更として取り扱う必要があります。当然、抜け漏れを防ぐためにも、基準のバージョンを物理的に保存し、確保する必要があります。

さらに、要件変更の情報を抜け漏れなく取得できるプロセスを顧客と合意する必要があります。案件だけでなく、現行システムでの設計書変更などの情報も連携できるようにすることで、対応コスト低下と品質向上が可能になります。

当然のことですが、いつまでも変更に対応しているとプロジェクトリスクを高めることになるので、現行システムの凍結時期を明確にし、顧客に宣言してもらう必要があります。

顧客にとっての優先順位で決める

要件変更の2つめは、通常の要件変更で、最終見積もり以降に発生した案件が対象になります。このケースでは、要件変更の管理ルールを明確にする必要があります。仕様凍結時期までに何度かあらかじめ定めた時点で、対応の可否を明確にします。同時に、コストと対応時期も含め顧客と合意する必要があります。顧客の状況によって、その都度追加方式と総額予算方式で対応は異なります。特に後者は注意が必要です。

概要設計レベルでの要件変更である程度見積もって判断するのが一般的です。特に中規模プロジェクトの場合、PMが中身を見切っていますので、ずれ幅は最小限に抑えられると思います。逆に、見積もりがずれるようでは、PMとして不十分であると自覚すべきです。

ただ、要件定義フェーズが不十分だった可能性があります。変更内容をPMとして確認し、なぜ要件定義時に取り込めなかったかを虚心坦懐に見つめることが重要です。早めに確認し、要件定義の見直しを行うべきかどうかを判断します。

要件変更に対応するかどうかは、あくまで、顧客にとっての優先順位で決めることです。間違っても、作業の難易度で判断してはいけません。いくら大変な案件でも、やらなくてはならない案件は必ずやることになります。そういう案件ほど対応に時間がかかるので、遅れれば遅れるほどプロジェクトリスクが高まります。また、優先順位付けの論理が、顧客に理解できるものでないと、要件変更を調整する軸を失うことになり、プロジェクトマネジメント上の大きなリスクになる場合がありますので注意してください。

見積もる際は、PM自身がすべてを作業するわけではないので、担当するメンバーを交えて見積もることが重要です。見積もりにメンバーがコミットメントすることが、プロジェクトマネジメントにおいてもメンバーの育成という観点からも重要です。当然ですが、PM自身も見積もれることが前提です。

4-7-2 ◆ 支出コントロール

中規模プロジェクトの場合、PMはメンバーの状況を比較的把握しやすいので、計画時との差分を体感しながら、プロジェクトを進めていると思います。この「計画時との差分」が支出コントロールの要諦です。アプリケーション主体のプロジェクトですから、進捗状況と体制で必然的にコストが決定されるからです。簡単に言えば、「コスト ＝ 体制（例えば1カ月の維持コスト）× 期間」で表すことができます。従って、計画時の体制・期間と、現実の体制・期間の超過差分が、コストの超過になります。PMは、コストについて通常の進捗管理でリアルタイムに体感していますので、別にわざわざコストを計算する必要はありません。

EVM（Earned Value Management）ツールのように実績と予定のコスト差分を見て、問題点を洗い出すようでは、PMとは言えません。PMなら1カ月先くらいのコストを想定できるものです。なぜなら、ここでのコストは体制と進捗で決まるからです。進捗状況は、PMは毎週の会議で隅々まで把握しているので、1カ月程度であれば見通せるはずです。また、体制は、計画以外で急に増加させることは困難です。従って、追加しようという行動を起こしていない限り1カ月後は固定化されています。もっといえば、メンバーの現状の稼働率も把握しているはずですから、2カ月くらい先まで見えているはずです。

ただし、避けにくいリスクはあります。PMがいくら中身を見ていたとしても、内部設計を進める中で外部設計レベル以前に戻って、再作業を行うケースは存在します。段階的に詳細化をしていくわけですから、詳細化して初めて気がつく問題点は当然出てきます。この場合、設計ミスを顧客に転嫁することが難しいと考えられます。これに対応するには、あらかじめ内部設計以降のリスク相当分を見積もりに含めておく必要があります。そのリスク相当分をどう見るかは、PM自身のスキル、アプリケーション領域の見識、メンバーの能力に依存します。また、プロジェクトの難易度などのプロジェクト特性を踏まえた上で決定する必要があります。

ただし、このような事象が発生しないように外部設計工程で、一部内部設計を行う機能範囲に、なぜ、この事象が含まれなかったかをPM自身の課題として認識する必要があります。

4-8 現行機能保証

現行機能保証とは、既にあるシステムを再構築する場合に、現在のシステムの機能を保証することです。現行の機能を保証した上で、新たな機能を追加し、現行の機能と同等な基本機能を有しながら大幅リニューアルする場合もあります。いずれにしても、現行システムの機能をまずしっかりと分析することが重要なのは言うまでもありません。ただし、対象サブシステムは老朽化している場合も多く、概要設計などの設計書が無い、あっても現在の状況に更新されておらず信憑性が低いという場合がほとんどかと思います。さらに、顧客も現在のシステムの処理に関してはブラックボックス化が進んでおり、現システムの要件定義をできる人材がいないというのが一般的です。

サブシステムを作り直す際、顧客から「現行機能保証は求めない」というケースは、非常に危険なケースと考えられます。危険とは、現行機能を分析しないで開発すると結果的にリリース品質に至らない場合があるからです。この場合は、顧客側の体制に現行機能を熟知したメンバーが参加し、その上で、現行機能も含めた機能定義をする場合のみプロジェクトは成功します。顧客が要件定義で「現行と同じでいいよ」と言わないで、一つひとつの機能を漏れなく要件定義ができることが前提なのです。使わない機能は別ですが、現行システムと同一機能ではなくても、同等の機能が新システムに実装していないと業務自体が成り立たないのです。システムを作り直す場合、最低でも概要設計レベルでの現行機能分析が必要です。

概要設計レベルの現行機能分析というのは、画面・帳票・データベース・データクラス・他システムとのインタフェースデータに関して、一覧レベルで整理されて「現新（現行システムと新システム）」の比較がなされ、相違点が明確にされ、その理由が整理できたレベルです。現新機能の差は、「既に利用されていない」「ほぼ同一の機能として定義される」「異なった形ではあるが機能として再定義されている」「新たな機能として追加されている」の4つに分類し、整理されていることが必要です。ここまで行えば、明確な機能漏れは基本的に無い可能性が高いです。

ただ、同一の帳票でも地区により異なるなど、機能漏れが発生する場合があるので、慎重に判断する必要があります。

厳密に現行機能を保証する場合は、「工程ごとに段階的に現行機能を保証する」ことと、「システム形態で現行分析方法が異なる」ことを押さえておく必要があります。以下、この2点を説明します。

4-8-1 ◆ 段階的に現行機能を保証する

現行機能を保証するために、いきなりプログラム解析から入る人がいますが、これは大きな間違いです。プログラムをいくら解析しても、上流工程で必要な情報をすべて得ることはできません。また、現行機能を保証するには、新システムの機能に現行システムの機能が含まれているかどうかを確認する必要がありますが、プロジェクトの初期では、新システムをこれから作るので設計情報もプログラムも存在しません。すなわち、現行機能の保証は、設計・開発・テストの各工程で段階的に行う必要があります。

概要設計レベルは、前ページで説明したレベルの分析が必要です。ただし、現行システムにある画面などの設計情報は、新システムに必ず含まれている必要があります。現行システムの機能の集合が、新システムの機能集合の部分集合になっていなくてはなりません。つまり、「新システム機能集合　⊇　現行システム機能集合」です。ただし、前述したように明らかに使用されていない機能は現行機能集合に含まないものとします。概要設計の現行分析が終了した後に重要なのは、どの範囲を現行機能保証するかを明確にすることです。また、現行で既に動いていない機能があれば明らかにしておく必要があります。

外部設計工程では、現行機能を保証するためには、データ項目レベルでの機能保証をする必要があります。E-R図レベルの確認と、実質的に管理するすべてのデータ項目を現新で整理する必要があります。「同一項目」「項目名の変更」「新たな機能による項目追加」「現在利用されていない機能に伴う項目削除」に分けて整理し、問題ないことを確認します。

内部設計では、新システムのプログラム分割を踏まえた上で、新旧プログラムの対比表を整理します。詳細設計・プログラミングでは、対応した現行システムの設計書と比較して現行機能を保証すべき部分の設計･開発を手順に定め、新たな詳細設計･プログラム作成時に反映していくことが重要です。検証フェーズでは新旧システムを稼働させ、データベースおよびトランザクションデータのマッチングなどを行い、最終的に現行機能を保証することが求められます。

このように、段階的に現行機能を保証しながらプロジェクトを運営することが求められます。データのマッチングに重きを置く人がいますが、これは危険です。検証フェーズで機能漏れなどを発生させると、全体スケジュールに影響が出ます。段階的に、品質を積み上げていくことが大切です。

4-8-2 ◆ システム形態で現行分析方法が異なる

現行システムに関しては、概要設計・外部設計に関連する情報が不十分であることは、前述した通りです。その中で、どうやって情報を補足するかがポイントです。そのためには、どのような情報を明確化すれば設計情報として十分であるかを定義します。つまり、明らかにすべき情報を明確化することが第一歩です。わかりやすく言えば、設計情報を標準化し、その標準に合わせて現行システムの機能を記述するのです。そうすれば、その分析した設計書を活用し、新機能を加味した新たな設計書を作ることができます。

次に、前提となる情報の収集です。対象となるシステムで使われている用語の辞書を作るのです。これは、現行システムを利用しているユーザー、あるいは、システム保守をしているメンバー、システム運用をしているメンバーからヒアリングをすると作成できます。使われている言葉を定義していくと、業務のアウトラインや疑問点が見えてきます。これらをまとめて用語集として作成し、さらに、作成した用語集を常に更新していくことが重要です。

もう１つ重要なのは、システムのコード体系を整理することです。これについては、既存のシステムで極めて重要なので既に整理されている可能性が高いです。いずれにしても、中身の調査を行う場合の切り口として重要です。具体的には、顧客コード、営業店コード、セールスマンコード、会社コード、商品コード、トランザクションコードなどです。

必要な設計情報は、対象となるサブシステムのシステム形態ごとに異なります。システムによっては、業務フローを整理するケース、トランザクションごとの振る舞いを整理するケース、などがあります。Web系のシステムでは、画面遷移図を整理していくと概要設計が明らかになります。また、外部とのデータのやり取りをするシステム形態の場合は、時間ごとの状態遷移図を整理していくことが必要です。関連する設計書やその他の情報を活用し、顧客あるいはシステムの保守、システムの運用をしている方々にインタビューを繰り返しながら、必要な情報を補うことが求められます。

注意点としては、概要設計レベルでの抜け漏れは、後工程にフェータルな影響を与えるので、PM自身が納得の行くレベルの現行分析が行われていることが重要です。納得がいくというのは、システムの機能として矛盾が無く抜け漏れが無い機能だとPM自身が判断できるレベルです。よく言う「見切った」レベルであるとあなた自身が判断することです。何度も繰り返しますが、PMは、SEとして、品質を保証することを求められているのです。

第5章

SEとして重要なシステムデザインの視点

本章では、SEとしての話をしようと思います。システム設計が悪いとプロジェクトのリスクが増大します。筆者はこれまで多くのプロジェクトをレビューし、「システム設計そのもの」についても指摘してきました。ただ、こうした指摘はなかなか受け入れられません。手戻りが発生するからです。しかし実際は、指摘を受け入れたほうが、プロジェクト全体のリスクとコストを抑えられるケースが多かったと思います。筆者が見聞きしたケースの中で、特に気をつけたほうがいいと思うシステム設計のポイントをいくつか挙げたいと思います。

本質的には、皆さんが設計したシステムの妥当性を、皆さん自身が検証し続ける意識を持ち、さらなる高みを常に追い求めることが大切です。また、先人のシステム設計を尊敬の念を持ちながら見ることにより、対象とするマーケットの業務をシステムとして実現する知恵を得ることができ、それがSEとしての成長につながります。システムを通して先人たちとの会話を楽しみながら、新たな技術を活用して、より良いシステムに成長させていくのがSEとしての道なのではないかと思います。

ただ、間違った設計、あるいは、現在の技術ではすべきではない設計もあります。それを見極めるのも、SEとしての真価が問われることだと思います。

5-1 システムのコード設計

システムのコード設計は重要で、特に重要なのは軸となる基本コードを何にするかです。かつて、「日本版401k」とも言われる確定拠出年金制度の記録管理を行うシステムを設計したことがあります。個人の年金をどのようなコードで管理し、そのコード体系をどのように考えるかについて、随分と議論したものです。検討段階でまず候補に挙がったのが基礎年金番号でした。確定拠出年金への加入には基礎年金を支払っていることが条件になるので、この条件をチェックするには基礎年金番号は必須である、というわけです。しかし基礎年金番号は、従業員が会社を変わると変更され、コード自体が不安定でありコードとして適当ではないとの結論に至り、独自の番号で管理することにしました。今から20年ほど前の話です。

余談になりますが、その時に「消えた年金問題がやがて起きるだろう」と漠然と想像できました。年金のように長い期間管理し続けるシステムの場合は、管理の基本となるコードが不変であることが最重要で、変化すると取り返しのつかない事態になります。これは、どんなシステムでも同じです。不安定なコードを基本コードとすると、コード変更は難しくなります。過去のデータをすべて置き換えることは事実上不可能です。このため年金データは消えたと考えられます。また、複数に分散してコードをキーとして情報管理している場合は、すべてのキーコードを新たなコードに置き換えるのも至難の業です。

特に厳しいのは、企業のビジネスモデルが変わるとコード体系が崩れることです。例えば、銀行業界では、そもそも個人は商売の対象ではありませんでした。個人は資金を収集するための役割でしかなかったのです。そのため個人ごとの番号は無く、契約単位の番号で管理していました。しかしビジネスモデルは変化し、個人を商売の対象にしなければならなくなったのです。契約ごとにバラバラで管理していては、サービス上問題が出ます。お客様の預金情報、定期の情報、融資の情報がバラバラに管理されていたら、お客様と話ができません。そこで、「CIF」という統合管理のコードを設定したのです。それぞれの契約を後付けで結びつけるわけですから、システムは複雑になりますし、トラブルの大きな原因にもなります。

システムを設計する場合、将来のビジネス環境に対応できるコード体系を考えねばなりません。それはとても難しいですが、挑戦していくべきです。対象システムの寿命を左右する大切な設計であることを認識すべきです。

5-2 シンプルな設計

5-2-1 ◆ 機能の疎結合にこだわる

筆者が所属するNRIは、投資信託の運用を行う委託会社（アセットマネジメント会社）向けのソリューションとして、投資信託の時価（基準価格）を計算するシステムがあります。投資信託を構成する様々な商品（株、債権、先物など）ごとに、例えば株式であれば終値によって評価し、日々の基準価額を算出するのが重要な機能です。日本ではアセットマネジメント会社と保管・管理を行う受託会社（信託銀行・マスタートラスト）がそれぞれで基準価額の計算を行い、その計算結果を照合します。結果が合致した場合に基準価額が確定となり、販売会社や投資信託協会、そしてメディアに送信されます。

ところが、NRIのサービスと信託銀行では、基準価額の計算方法が大きく異なる場合があります。NRIでは、投資信託商品ごとに保有する株や債券の価格を計算して基準価額を一つひとつ算出しています（以下、NRI方式）。信託銀行の一部は、株や債券単位の時価を1カ所で計算し、その後、それぞれの投資信託商品の持ち分に応じて時価評価額を割り当てる方式を採用しています（以下、他社方式）。NRI方式では、同じ株や債券の時価計算を、それらを保有する投資信託商品の数だけ繰り返すことになります。他社方式は、株や債券ごとに時価計算は1回で済むことになります。ある商品の計算方法に変更が発生すると、NRI方式は複数箇所のロジックを修正する必要があるのに対し、他社方式は1カ所変更すれば対応が終わることになります。実際SEとして、信託銀行の株式を計算する仕組みを受託する機会があり、その時は、他社方式の仕組みも一理あると感じたものです。

しかし、実際にシステムの運用や保守をしていくと、徐々に違ったものが見えてきます。例えば何らかの理由（非公開の株式や外国株の場合など）により、一部の商品の価格が出ないことがあります。NRI方式は、その商品を持っていない投資信託商品については基準価額を算出できます。一方、他社方式は価格が出そろうまで最初の処理が開始できないため、すべての基準価額が遅れてしまいます。同様に新しい商品やファンドが出た際にも、NRI方式はその商品を扱っている投資信託の処理のみを追加すれば対応できますが、他社方式は最初の計算処理に追加があると（配分の先が増えるので）、あらゆる処理に変更がおよび影響範囲やテスト範囲が広範囲に及びます。

当初はNRI方式の弱点とされていた計算ロジックが複数箇所に存在する点も、うまく部品化することによって、デメリットが解消できます。同じ計算を繰り返すことでコンピュータパワーは消費しますが、現状では、無視できるレベルです。サブシステム同士が疎結合になっているほうが、サブシステム間の緩衝を最低限に押さえ込むことができ、システムの諸対応のスピード・コスト・リスクを抑えることになります。

特に最近のコンピュータリソースの格段の性能向上により、疎結合をさらに進める設計になっていると思います。オブジェクト指向開発が目指しているものは、それぞれのオブジェクトを独立したサービスとして開発することです。これをマイクロサービスと名づけ、各マイクロサービスをAPIで接続することで、互いにやり取りする情報を最小限に押さえ込み、サービス間の緩衝を最小化し、疎結合を実現しようとしているのです。

疎結合を目指し、シンプルな構造を実現するのがSEとしての腕の見せどころです。

5-2-2 ◆ DBの疎結合にこだわる

ある証券会社の話をします。顧客の口座を複数のDBに分けて管理していました。累投（収益分配金を元本に組み入れて自動的に再投資する型）と一般口（収益分配金を利益として分配の度に受け取る型）で分けて管理していました。特に累投は商品単位にDBを分けていたため、多くのDBが存在していました。消費税の対応など、計算処理全体におよぶ制度改定の場合は、DBごとに分かれたすべてのシステムの計算を修正する必要がありました。

一方で、別の証券会社ではDBを統合し、DBの更新処理も1カ所にまとめていたのです。消費税の対応など、計算処理全体におよぶ制度改定の場合は、DBが1カ所なので、比較的対応が軽微でした。こちらのシステムのほうが効率的な構成に見えますが、実際には以下のような問題が発生したのです。

・DBの更新処理の変更を行う場合、1つのミスがすべての商品に影響した。このため極めて念入りなテストとともに、作業を実施する上での厳格なルールが定められた。
・更新処理の修正作業は厳格なルールを守ることができる特別チームが担当することになった。
・ほとんどすべての変更が更新処理に影響するため、特別チームの対応能力がボトルネックとなってしまった。さらに、影響範囲も大きくテスト範囲もいつも大きくなった。
・何らかの商品の時価が出ない、あるいは、入力されるデータがすべてそろわないなどの事態になると、すべての商品の処理ができなくなった。
・特別チームの負荷が増えた結果、ほかのチームが作業するケースが増え、DBの正規化が崩れていった。

このように、通常のメンテナンス、あるいは、新たな商品の追加などで多大な工数と制限がかかることになったのです。また、すべての入力情報がそろわないとシステムを稼働させられないため、軽微と思える障害が、システム運用を不安定にしてしまったのです。DB統合の弊害といえるでしょう。

このケースから言えることは、DBの無理な統合をしないで、サブシステムごとに分割するほうがシンプルな設計につながるということです。究極的には、関連性の強い項目とそれに関わる機能のみを1つのサブシステムとして分割するのが望ましいと考えられます。まさに、オブジェクト指向設計であり、いわゆるマイクロサービス化と考えられます。

5-2-3 ◆ オンライン処理にこだわる

システムの処理方式は、大きくバッチ処理（以下、BT処理）とオンライン処理（以下、OL処理）に分けることができます。Web系は基本OL処理で、トランザクションをリアルタイムに処理する形態です。システム設計する場合、DB更新処理は基本的にOL処理にすべきであり、現状がBT処理だからといって、再構築時にBT処理を継続しないほうがいいです。

銀行のシステムを例に考えます。入金と出金を1日に何度も繰り返した場合のOL処理とBT処理を比較します。OLの入金処理は、その都度口座残高を入金額に応じて増加させます。OLの出金処理は、その都度残高をチェックし、出金額が残高以下であれば出金処理をし、出金額が残高を上回ればエラー処理をして出金処理はしません。

BT処理の場合、どのデータがどういう順番に来ているかを確認する保証はありません。つまり、支店で書かれた伝票が、データとしてエントリーされる時に、伝票が書かれた順番で並べられている保証はありません。伝票をエントリーする前に床に落として伝票順が狂うケースもあるでしょう。複数のオペレータに伝票を分けて入力する場合、同じ人の伝票がオペレータごとに分かれることがあります。伝票の入力順番は当然異なってきます。つまり、BT処理の場合は、伝票の順番が保証されていないことを前提に仕組みを作る必要があります。

BT処理では、まず、すべての入金処理を行い、出金額の小さなトランザクションから順番に出金処理をします。残高を超えた出金処理はエラーとする、あるいは、残高で出金できる範囲で出金するなどの処理を行うことになります。BT処理には「順番」という保証がないのでプログラムで考慮することになりますが、この処理は非常に難しいのです。

DB更新をOL処理する場合、対象データをトランザクションごとに参照し、BT処理する場合はまとめて1回だけ参照します。コンピュータリソースの効率利用という点ではBT処理のほうがよいのですが、現状はリソースより、機能をシンプルにし、ソフトウエア規模を減らすことが求められています。

SEは、機能がよりシンプルになるような処理方式を選択し、システムを設計することが求められています。

5-2-4 ◆ パラメータ化の罠

システムを設計する場合、プログラム修正を伴わないパラメータの活用が保守性を高める場合があります。例えば会社の業種別に処理が異なる場合、該当会社ごとにパラメータを変えて、プログラム自体はそのまま利用する場合などです。しかし、この方法はお勧めできないケースがあります。

ある会社の年金管理システムを担当したときに経験した話です。会社ごとのパラメータが6個くらいあったと思うのですが、パラメータが「直列」だったため大変な事態になっていました。直列というのは、第1パラメータが5つ、第2パラメータが4

つある場合、5 × 4 = 20 通りになるような形態です。

直列で 6 個のパラメータを設定すると、すべて掛け算になるのでケース数は 1 万を超えました。実際の企業数は数百程度でしたから、9000 ケース以上は、存在していないケースになります。存在しないケースの場合、そのケースの動作が正しいかどうかを判定するのは難しくなります。なぜなら、答え合わせできる実例が無いからです。さらに、1 万を超えるケースをテストするのは大変な労力が必要になりますし、業務的にケース設定をすること自体が極めて難しくなります。

さらに問題があります。こうしたパラメータを設定した場合、なぜこのパラメータを設定したかが文書に残りにくいのです。パラメータ化していない場合は、システムの設計ドキュメントにどういう追加・変更修正を行ったかが明記されますが、パラメータの場合は顧客が勝手に設定するため、重要な設計情報が特別な配慮やルールが無い限りどこにも残されません。

実際該当システムは、稼働以来 10 年以上になっていましたが、いまだにバグが出続けていました。数年後廃止されるまで、バグは出続けたのです。また、それぞれのパラメータの意味が不明で、再構築時には、非常な苦労があったと聞いています。

パラメータ化は、あくまでもシンプルでわかりやすい範囲に限って活用することが重要だと思います。あまり手の込んだパラメータ化は、作り手の自己満足にすぎず、百害あって一利なしだと思います。構造はシンプルにするのが大切です。

5-3 業務モデルは不安定

同じ業種でも企業によってシステムの内容は大きく異なり、企業の規模が大きくなるほどその違いも顕著になっています。この理由について、皆さんは考えたことがあるでしょうか。

例えば、証券会社のシステム投資額は概ね販管費の5%～10%であり、特に大手は10%くらいになると言われています。一方で証券会社の店頭で販売している商品は（それぞれ違う名前が付いているかもしれないが）株であったり国債や投信であったり、実質的には、同じものを販売しています。

つまり、一般の消費者から見て、証券会社には大きな違いがないにもかかわらず、大規模な証券会社と中小規模の証券会社のシステムは、システム化の範囲も中身も大きく異なっています。同じ商品を追加する際のコストも大きく変わります。機能の範囲も異なり、日々のコストも大きく異なります。

別の例として、業務パッケージで説明します。業務パッケージは中小規模の企業には適用率が高い一方で、大企業には適用が難しいとよくいわれます。財務会計などは法律で細かく規定されているにもかかわらず、企業の規模が大きくなるとパッケージの適用が難しくなる傾向が強くなります。

これらの理由は何でしょうか？これが本項のポイントです。

業務モデルはデータモデルよりも不安定

この問いは、システムの「モデル」で説明できます。システムのモデルには大きく「業務モデル」と「データモデル」があり、「業務モデルはデータモデルよりも不安定」なので、上記のようなことが起こります。

「業務モデルが不安定である」ということを、筆者の経験で説明します。筆者が入社した当時、NRIの社員数は500人～600人くらいでした。その時、今でいう本社機構には「総務部」という部が1つあるだけで、おそらく部員は20人～30人くらいだったと思います。この1つの部署が契約管理や財務管理、人事、福利厚生、社員研修といった、現在のNRIの本社機構としての「ファンクション」をすべて担当していたわけです。ところが、会社が成長し規模が大きくなるにつれ、まずデータの量が増加します。処理するデータ量が増えると、1人ではこなせなくなるため分業が始まります。

分業は「業務モデル」に影響を与えます。簡単に言うと、これまで1つの画面でよかったものが、分業により分業単位に画面が必要になります。さらに進むと、例えば「承認」といった業務が分業ごとに追加され、規模の増加につれて業務パターンのバリエーションが増加していくことになります。分業の仕方は企業によってバラバラです。その企業の考え方やポリシーを反映し、それぞれ違った方向に変わっていきます。まさに、自然界の原理である「エントロピーの増大」(乱雑さは拡大する)が当てはまるわけです。業務フローは、規模が大きくなるほど、複雑でバラバラになっていきます。

一方データモデルにも、例えば「担当者」「承認者」といった項目が規模拡大に伴って追加で必要になります。ただ、各データのキー項目は不変であることが多く、大きな影響を受けないと考えられます。例えば、注文データの商品名・価格・顧客名などは、会社の規模が変わっても変わりません。これが、データモデルは比較的安定しているといわれている理由です。つまり、企業の規模が小さい間は必要なシステムの乱雑さが少なく、パッケージが適用しやすく、大きな企業は基本的に個別案件となります。

余談となりますが、大企業同士の合併によるシステム統合で様々な問題が発生するのは、別々の乱雑さを持った企業の一方が他方の業務に合わせる必要が出てくるからです。合わせるほうの会社は大変になりますが、合併効果を出すには、片寄せすべきです。片寄せすることにより、業務をよく知った人材が半分以上いることになり、移行時のトラブルの切り分け（システムなのか人のオペレーションなのか）もスムーズになり、混乱を避けることが可能になります。

両者のいいとこ取りをしようとすると、何が正しいかという基準もあいまいになり、大きな機能変更を理解している人材もいないため失敗する可能性が高くなります。いったん片寄せしてから、機能の最適化を行うのがベストでしょう。

規模が拡大するとシステム化の範囲が広がる

業務モデルが不安定であるという話に戻ります。もう1つ大事なことは、規模の増大によりシステム化の範囲も広がることです。データ量が少ない時は手作業で対応できていたものが、規模が大きくなるとできなくなるものが出てきます。筆者がNRIに入社したころ、増員が必要になった時は電話帳を見れば、候補者を洗い上げることができました。だいたいの社員の顔を皆が知っていたからです。今はそうはいかないので、スキルインベントリなどをデータとして蓄積し、社員スキルを管理し、候補者の洗い上げをしています。一般の会社でも、例えば異常なデータの発生が日に1、2件であれば手で対応できます。ところが日に数十件、数百件となるとシステム化せざるを得なくなります。このように、規模によって必要なシステム機能も増えていくのです。

つまり、企業が大きくなれば業務モデルは変化するのです。ITベンダーからすると、そこにシステム需要が生まれることになります。ITベンダーが顧客の成長にしっかり貢献すれば、システム需要がどんどん生まれ、ITベンダーもハッピーになるのです。皆さんが顧客の要件定義を行う時、規模によって組織の機能分割などが必要になることを念頭に置き、顧客に業務要件の提案を積極的に行うことがSEとして求められているのではないでしょうか。これこそが、顧客の満足度を高めることにつながると思います。

5-4 メンテナンスの効率化

メンテナンスの重要性はここまで何度も述べてきました。ここでは、メンテナンスを効率化するには何が必要なのかをSEの観点で説明します。

まず、標準化です。特に設計情報の標準化が重要になってきます。プロジェクトごとに特性が異なるため、設計情報を一律にするのは困難ですが、メンテナンスを考えると事情は異なります。顧客から変更要件を聞き、変更要件を明確にして概要設計を行い、顧客と合意します。その上で、具体的な外部設計の作成や変更を行い、顧客と合意して、最終的な見積もりとスケジュールを決定します。外部設計の変更を受けて、内部設計、詳細設計を行い、プログラムを修正し単体テストを行います。連結テストを実施し、概要設計・外部設計・内部設計通りに開発されていることを確認します。通常、顧客は、連結テストに参加するか、総合テスト環境で受け入れテストを行い、要件通りに開発されていることを確認します。こうした一連のプロセスは、メンテナンスの場合、業種・業態を超えて共通化が可能です。つまり、メンテナンスの場合は、プロセスに沿った標準化をしていくことが可能だということです。

そのためには、各工程で、メンテナンスすべき情報と範囲を明確にして標準化することが重要です。その上で、標準化され定義された設計情報を、新規開発のプロジェクトでは必ず作成することを義務づけるのです。新規プロジェクトごとに標準化は異なったとしても、メンテナンスに必要な情報に関しては、必ず標準化し、成果物として作成されることが重要です。

次に必要なのは、メンテナンスしていくべき設計情報の着実なメンテナンス体制への引き渡しです。着実というのは、1つは、設計情報の鮮度、すなわち稼働したシステムと設計情報が同期していることです。もう1つは、網羅性と整合性です。網羅性というのは、稼働したシステムの設計情報をすべて包含しているということです。整合性とは、稼働システムの機能を設計情報が着実に表現しているということです。

最後に、保守体制への移管です。通常この規模の場合、開発部隊の何人かを残し、既存のほかのサブシステムを担当している部隊へ保守を移管していくことが求められます。そうしないと、保守に必要な体制を維持するための保守テーマが少ないと保守体制そのものが維持できなくなります。それなりの保守部隊に移管していくことが、安定的な保守体制の維持に欠かすことができません。従って、プロジェクト発足時から、保守体制を意識したチーム体制を敷く必要があります。例えば、既存の保守体制からプロジェクトメンバーを選出する、あるいは、既存の保守体制を支えているパートナーをプロジェクトのパートナーとして選定するのです。標準化に関しても、既存の保守チームの標準化を前提として定義していくことが重要だと思います。

第6章

プロジェクト計画の策定

6-1 プロジェクト計画とは

プロジェクト計画は、プロジェクトを進めるための段取り、すなわち、ストーリーを明確にするものです。中規模プロジェクトの場合はアプリケーション開発を前提としていますので、全体の大きな流れはプロジェクトごとに大きく変わりません。まずは、PM自身がプロジェクトの特異性を十分押さえた上で全体のスケジュールを描き、プロジェクト計画に必要な情報を補足していくことになります。

「スケジュール」「体制」「サブシステム構成図」、次に「課題」「リスク管理」

ここで重要なのは「スケジュール」「体制」「サブシステム構成図」(第4章で説明した『三種の神器』)で、次に「課題」「リスク管理」が大事です。特に最初の3つは、プロジェクト計画の矛盾を見つけるのに有効です。スケジュールをもとに体制とサブシステムを確認し、同様に体制をもとにスケジュールとサブシステムを確認、サブシステムをもとにスケジュールと体制を確認することで、プロジェクト計画の妥当性を担保できます。

もう1つ重要なことは、プロジェクト計画を示すことで、プロジェクトメンバーにプロジェクトを進める方針やストーリーを明らかにし、同じ方向感を持ってプロジェクトを進められるようになることです。プロジェクト計画がなければ、プロジェクトメンバーが何をいつまでに実行しなくてはいけないかが理解できません。

また、顧客にプロジェクト計画を示すことで、プロジェクトの進め方を具体的に理解してもらえ、顧客が行うべき活動の期限と内容について合意してもらえるようになります。

上司をうまく活用するのもPMの仕事

プロジェクト計画はITベンダーの社内ルールに基づいて作成し、社内で妥当性をチェックします。社内ルールだからこのような手順を取るというより、プロジェクト計画の内容が妥当かどうかを社内有識者に確認してもらい、より良いプロジェクト計画にブラッシュアップし、より実現性の高いプロジェクト計画にしていくために重要なプロセスです。

プロジェクト計画のチェックには、PMの上司である部長なども参加すると考えられますので、上司にコミットメントしてもらい、プロジェクトで必要な役割を担ってもらうことにもつながります。上司をうまく活用するのもPMの仕事です。

参考として、次ページに典型的なプロジェクト計画書の目次を示すので参考にしてください。

プロジェクト計画書のひな型

序章
　プロファイル
第1章　プロジェクトの特徴
　　1.1　プロジェクトの背景
　　1.2　プロジェクトの目標
　　1.3　プロジェクト運営の特徴と施策
　　1.4　プロジェクトの変更基準
第2章　プロジェクト概要
　　2.1　サブシステム構成図
　　2.2　システム機能
　　2.3　非機能要件
　　2.4　システム基盤の特徴
　　2.5　移行計画
　　2.6　プロジェクトの活動範囲（工程定義）
第3章　システム規模と工数
　　3.1　システム規模見積もり
　　3.2　工数見積もり
第4章　スケジュール
　　4.1　プロジェクトの重要ポイント
　　4.2　スケジュール
第5章　体制
　　5.1　体制
　　5.2　責任分担マトリックス
　　5.3　要員計画
第6章　プロジェクト運営
　　6.1　進捗・品質管理
　　6.2　コミュニケーション管理
　　6.3　変更管理（成果物）
　　6.4　課題管理の進め方
　　6.5　リスク管理の進め方
　　6.6　パートナー管理計画
　　6.7　エンハンスへの移管
　　6.8　コスト管理計画
　　6.9　その他管理計画
第7章　課題とリスク
　　7.1　課題（課題管理表）
　　7.2　リスク（リスク対応計画表）

ストーリーを描いてプロジェクト計画書で表現する

ここで勘違いしてほしくないのは、プロジェクト計画は、プロジェクト計画書のひな型を埋める作業ではないということです。一番重要なことは、プロジェクトの進め方のストーリーをプロジェクト計画書として表現することです。当然ながら、プロジェクトに応じて項目を追加したり削除したりする必要があります。一般的には、機能システムで既にルール化されているものは記述する必要はありません。参照すべき既存ルールなどを明確にすれば十分だと考えられます。システム再構築の場合は、現在のサブシステム構成図などが必要になると思いますので、当然記述項目が追加されます。

筆者はプロジェクト計画書のレビューにも携わっていたので、そのときのエピソードを１つ紹介します。システム基盤を更改するプロジェクトにもかかわらず、アプリケーションの設計工程がスケジュールに書かれていました。そこで筆者は「あなた方は、何を設計するの？」と質問したところ、「何も新たには設計しません」と答えたので、「ではなぜ、アプリケーション設計の工程がある？」と質問すると、「ひな型にあったので」と答えました。これほど初歩的ではないにしても、ひな型にあるからといって埋めるようなことをしてはいけません。

PMのストーリーをプロジェクト計画に書くことが大切です。あなたが納得できるプロジェクト計画を作ってください。

6-2 プロジェクト計画の肝

では、プロジェクト計画で重要な「スケジュール」「体制」「サブシステム構成図」を説明します。まずは「サブシステム構成図」、次に「スケジュール」「体制図」と進めます。

6-2-1 ◆ サブシステム構成図

サブシステム構成図の例を示します（図6-1）。

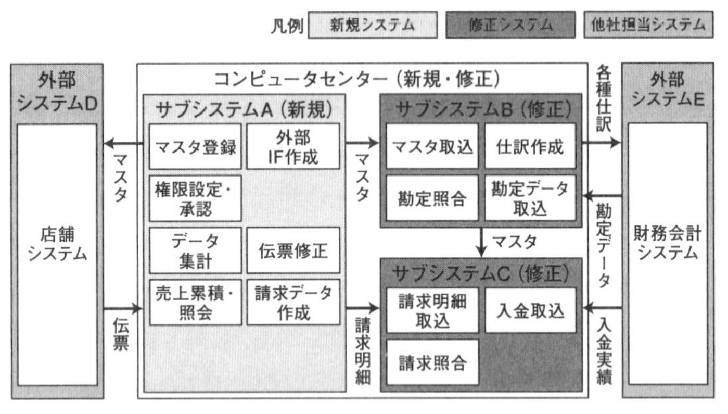

図6-1　サブシステム構成図の例

サブシステム構成図の中に入っているのがプロジェクトの対象範囲です。図6-1ではサブシステムA、サブシステムB、サブシステムCになります。プロジェクト外は接続先となり、関連プロジェクトとして定義します。例えば現行システムや、場合によっては日銀・東京証券取引所などの外部機関のシステムが関連プロジェクトになります。

6-2-2 ◆ スケジュール

次に「スケジュール」です。次ページに例を示します（**図6-2**）。スケジュールが実はストーリーを表現しています。全体のプロジェクトマネジメントのストーリーが、スケジュールから見えてこないといけません。

妥当な粒度のタスクが設定され、抜け漏れがなく、網羅性が担保されている必要があります。うまく作られたスケジュールを見ると、メンバーがどういう段取りで進めていくのかがわかり、「ああ、これだとうまくいくだろうなぁ」と思えてきます。

スケジュール上での工程の終了ポイントは重要です。工程の終了までには、次工程のタスクを順次明確にしつつ、スケジュールを詳細化していく必要があります。

また、外部設計終了時点では、見積もりなども明確になりますので、プロジェクト計画自体も順次詳細化し修正しながらその時点ごとに確定していく必要があります。次工程に入る1カ月程度前には、遅くともスケジュールの詳細化を進めていく必要があります。実際のスケジュールは、毎週、先の1カ月程度先が常に詳細化されているようにします。

サブシステム	OL/BT	リーダ	20XX年 X月	X月	X月	X月	X月	X月	X月	X月
工程			基本設計		詳細設計～開発			内結・サブ間	外部接続	▲リリース
基本設計～サブシステム内連結テスト										
サブシステムA	OL	XX	基本設計（外部）	基本設計（内部）	詳細設計～開発			内部連結（OL間／OLBT）		
	BT	XX	基本設計（外部）	基本設計（内部）	詳細設計～開発			内部連結（BT間／OLBT）		
サブシステムB	OL	XX	基本設計（外部／内部）		詳細設計～開発			内部連結（OL間／OLBT）		
	BT	XX	基本設計（外部／内部）		詳細設計～開発			内部連結（BT間／OLBT）		
サブシステムC	OL	XX	基本設計（外部／内部）		詳細設計～開発			内部連結（OL間／OLBT）		
	BT	XX	基本設計（外部／内部）		詳細設計～開発			内部連結（BT間／OLBT）		
サブ間連結テスト～リリース										
サブ間連結テスト		XX						サブ間連結（計画、A⇔BC、計画、B⇔C）		
外部接続テスト		XX							外部接続（計画、外部D⇔A、B・C⇔外部E）	
リリース		XX							リリース計画・準備	▲リリース

図6-2　スケジュールの例

粒度設定はPMの重要な技術

詳細化の粒度は、具体的な成果物が、個人ごとのタスクに明確化されるレベルです。成果物の終了条件をPM自らチェックできるレベルで、かつ、十分な進捗を把握できるレベルにする必要があります。細か過ぎると煩雑になり、重要なチェックが不十分になります。粒度設定はPMの重要な技術です。

スケジュールのタスクはすべて担当者が明確になっていないといけません。また、各担当のスケジュールのタスクは、すべてプロジェクトのスケジュールの詳細化されたタスクになっている必要があります。つまり、プロジェクトスケジュールを詳細化したものが、担当者のスケジュールになっているということです。

担当者のスケジュールを把握できる仕組みを作る

PMは、通常マイルストーンレベルの全体スケジュールを見て管理します。担当者の報告などを聞いて気になる場合は、担当者のスケジュールを確認します。すると全体スケジュールとの矛盾が見えてくるケースがよくあります。これを適正化し、問題を取り除くことが重要です。

こなすべきタスクがあふれている担当者の場合、プロジェクトのスケジュールの詳細化が不十分になり、タスクの抜け漏れなどの問題が浮き彫りになります。従って、少し心配な状況だと、必ず担当者のスケジュールを確認します。そのためにも、進捗会議で担当者のスケジュールの報告基準を定め、いつでも担当者のスケジュールを把握できる仕組みが必要です。

ただし、担当者のスケジュールの詳細化は、せいぜい3～4週間が限度です。それ以上先を詳細化させても無駄な負荷をかけるだけで、意味がありません。

工程間のバランスを取る

スケジュールの工程間のバランスが取れているかどうかも重要な観点です。例えば、仕様の確認の期間と設計期間、設計期間と開発期間、設計期間とテスト期間などのバランスが、適正かどうかを確認します。ITプロジェクトはV字モデルで工程間のスキルを表現します。例えば、外部設計と連結テストが同一のスキルレベルと見なされます。従って、外部設計が2カ月かかっていたのに、連結テストが1カ月で終了になっていると、妥当性があるとは言えません。

ただし、「要件定義が難しい業務なので設計期間を長くとっており、開発規模は2万ステップくらいで、その規模感は顧客とも共有しているので、テスト期間は規模を考えてこの期間を設定した」というような特異性を踏まえたストーリーが明確であれば、工程間のバランスが悪くても問題ありません。工程間のバランスは原則論であり、システムの中身を一番理解しているPM自身が、プロジェクトとしてのストーリーを明確にし、それに沿ったスケジュールを立てることが重要です。そのほか、PM自身がリスクを感じている部分に「適切なバッファーが設けられている」といったことも大事です。

6-2-3 ◆ 体制図

体制図は、チーム編成とそのメンバーを示したものです（**図6-3**）。スケジュールの断面（概要設計、外部設計、内部設計、開発、詳細テスト、連結テスト、総合テスト）ごとにタスクが変わり、タスクごとに担当者の役割と人数が変わります。

例えば、概要設計と外部設計では、外部設計工程のほうが多くの担当者が必要です。外部設計では、より詳細な仕様検討を行うからです。

プロジェクトの体制は刻々と変化するのです。

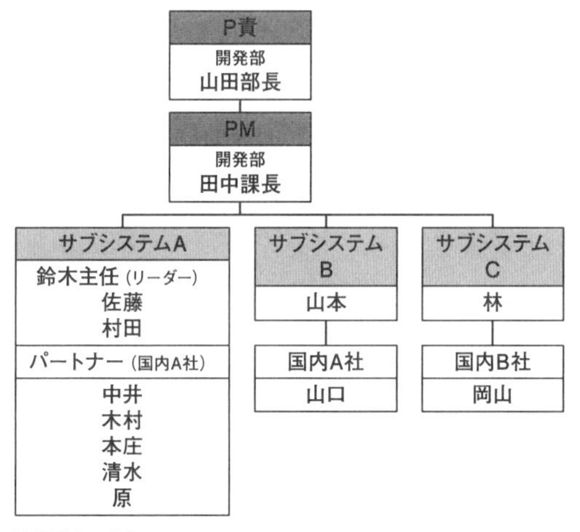

図6-3　体制図の例

サブシステムの特異性を考慮した人員のスキルと体制を考慮する必要があります。特に設計工程は難易度に合わせた体制が必要です。設計していた人材は、設計書の内容が適切に開発されいるかをチェックする役割に変化します。PMは、気になる部分は自ら中身を精査し、品質を保証する必要があります。

6-2-4 ◆ 比較ポイント

「サブシステム構成図」「スケジュール」「体制図」を相互チェックして矛盾がないことを確認すれば、プロジェクト計画は担保されます。ここから、比較する際のポイントを説明します。

「サブシステム構成図」と「体制図」の比較ポイント

サブシステムごとにチーム体制が適切に策定されているかどうかを確認します。誰が責任を持って進めるサブシステムなのか不明な体制図がよくあります。

サブシステムの規模や難易度を考慮してチーム体制が作られていることを確認します。「このサブシステムは難しいなら、そういう構えができているのか？」「難易度に合ったメンバー構成になっているか？」などをチェックします。

「スケジュール」と「サブシステム構成図」の比較ポイント

サブシステムの規模、難易度を考慮してスケジュールが作られているかどうかを確認します。工程ごとの期間の妥当性を見るほか、プロジェクト外とのやり取りが適切にスケジューリングされているかもチェックします。

サブシステムによっては、外部と接続している場合があります。対外接続のところが正確にスケジューリングされているかどうかは重要です。

「体制図」と「スケジュール」の比較ポイント

スケジュールをある断面で切り、その断面のタスクを洗い出し、タスクごとに割り当てられている担当者を確認します。そこで登場する担当者は体制図にいないといけないし、1人の担当者が同時に抱えきれないタスクを抱えていてはいけません。体制図にいない人がスケジュールにいるかもしれません。そうした矛盾がないかを確認します。体制図は、現実を投影している可能性が高いものですので、体制図の不良は進捗の不良につながります。

ここでのポイントは、体制図にあるメンバーの品質をPMが見極めているかどうかです。これが実は一番重要です。当然、PMが求めているスキルを、すべてのメンバーが持っているとは限りません。過去に付き合いのあるパートナーとも限りませんし、当然新たなメンバーも参加しているでしょう。違うプロジェクトで一緒に働いたメンバーも、以前と同じパフォーマンスを発揮するとは限りません。

PMは、参加するメンバー一人ひとりの品質を工程ごとに測定する必要があります。なぜなら、工程ごとに求められるスキルが異なるからです。品質を測定するには、メンバーの具体的なアウトプットを見て評価します。そうすると、おのずとPMがメンバーをチェックすべき範囲が見えてきます。メンバーごとの工程ごとに品質チェックの内容を変えることが必要です。

信頼できるメンバーを見極めれば、PMが実施すべき品質チェックをそのメンバーに代行してもらうことができます。代行チェックしてもらったものに関しては、最低限の確認（特に難しいと思われる肝の部分など）をすれば十分です。パートナーの新メンバーに関しては、いくつかを確認しながら見定めていく必要があります。パートナーのリーダーが優秀であれば、ある程度の品質レベルまで担保されていると考えられます。そのあたりを見抜けると、パートナーリーダーの品質チェックが重要な品質保証になります。

PMはメンバーを成長させねばなりません。メンバーが成長すればするほどPMは楽になります。成長を実感するメンバーは、PMに対してのロイヤリティが自然に高まります。PMに対するロイヤリティに根源を置くマネジメントが、プロジェクトを進めていく上で重要な成功要因です。

成功する可能性が十分あるという確信を持つ

体制を考える上で重要なのは、メンテナンス体制を意識することです。当然、プロジェクトが終了すれば、体制は大幅に縮小されます。その場合、サブシステムだけで体制を維持するのは困難なので、機能システムのメンテナンス体制に組み込むことを意識した体制を作ります。また、顧客側の体制が開発ベンダー側の体制と鏡写しの関係になっているかどうかが重要です。そうなっていないとプロジェクトはうまく進みません。

システム開発プロジェクトは顧客と一緒に進めていくものなので、顧客側もそれ相応の体制が必要になります。そういう体制を作ってもらうことを意識します。そうしないと顧客の喜ぶものは作れません。顧客体制によっては、設計期間やテスト期間を見直さざるを得ない場合もあります。

PM が構築した体制での制約条件をよく理解した上、現実的な計画を作ることが重要です。PM 自身が、成功する可能性が十分あるという確信を持つことが重要です。そうすれば、PM 自身の責任が明確になり、自らプロジェクトの失敗の可能性を早く察知するように努めます。

PM は孤独な存在です。PM を指導すべきプロジェクト責任者が PM を適切に指導してくれると思いますが、その指導は、あくまでも気づきを与えるレベルです。PM は自分の頭で考えていくことになります。そういった意味では、プロジェクト計画の３つの図を相互に確認することにより、プロジェクト計画の整合性を自らとることは、非常に重要な気づきを PM に与えてくれることになると思います。

6-3 課題とリスク管理

次に、「課題」と「リスク管理」について説明します。簡単にいうと、課題は既に事象が発生済みで、現在対応が必要な事象です。リスクは、将来課題となる可能性のある事象です。この2つを明確に分けるポイントは、現在（事象）か、将来（に起こり得る事象）かです。リスクについては、対応策を常に頭に描いておきます。

予測不能な課題も、落としどころを見つけるのは可能

PMは、想定される範囲から課題が出てくるようでないといけません。確かに、外部要因から発生する課題はあります。地震などの自然現象によって発生する場合もありますので、それらをすべて想定するのは困難です。ただ、これらが原因で起きる予測不能な課題の落としどころを見つけるのは可能だと思います。また、急な制度の変更対応、関連するシステムのトラブル遅延、想定外の要件変更なども、解決策を想定できます。これらの事象は、オーナーである顧客も十分認識しているわけですから、おのずと解決策は見つかると考えます。

ところが要件変更に関して、「顧客側が十分に確認していない」ことを把握していれば、プロジェクトのリスクとして取り扱い、ある程度の対策を打つことができます。そうすれば、対応可能なレベルの課題になります。PMはプロジェクトの品質を保証する立場なので、要件定義のそれぞれの部分の品質状況を把握しています。

また、テスト環境などの周りの状況も押さえているはずなので、そういったリスクに関しても、ある程度対応していると考えられます。そういう意味で、この規模のPMは、すべての

リスクを読みきるレベルを要求されると考えてください。

リスクを「泳がせておく」こともある

プロジェクトには必ず優先順位があるので、すべてのリスクに対応できません。対応可能なレベルにリスクをコントロールすることが重要です。ただ、後進の育成のためにわざと課題化させることもあります。メンバーがコントロール可能な範囲で失敗させることも重要な育成の一貫です。

筆者は「泳がしておく」という表現を使います。コントロール可能な範囲で、メンバーの見落としを見逃しながら、気づきを与えたり、軽い痛みを与えたりするのです。そんな余裕はないかもしれませんが、ぜひ努力してみてください。大事なことは、メンバーに致命的な失敗を経験させないことです。いずれにしても、プロジェクトの失敗の全責任はPMにあることは言うまでもありません。

想定外の課題はPMとして問題

想定外の課題が出てくるとしたら、PMとしては問題です。システムの中身の状況をすべて押さえ、プロジェクトのストーリーを明確化し、プロジェクト計画で必要なタスクを洗い上げ、随時タスクを漏れなく詳細化したにもかかわらず、想定外の課題が出てきたわけですから、それは大問題です。

課題を想定できなかったら、それをなぜ事前にリスクとして捉えられなかったかを考え抜くことです。それが、PM自身が成長する鍵だと思います。PMはまだまだ修行の身ですので、課題を予測できなかったという事象を深く反省し、今後に生かしていくことが重要です。

見逃した課題はコントロールされていないので、重大な課題となる場合が多いです。この手の課題の対応は、PMが苦労するだけではなく、プロジェクトメンバーの生産性を著しく阻害し、顧客に迷惑をかけることにつながる場合があります。そうならなくても、PM自身が反省し、事前に把握できなかった真の原因を追究し続けることがPM自身の成長につながります。PMは、基本的に孤独なのです。

PMは「自責化マインド」を持つ

全体をしっかり理解し、プロジェクトを把握している身ですので、周りの人にはなかなかPMの判断はわかりにくいことがあります。逆に言うとPM自身の判断ミスも周りから見えない可能性があります。PM自身が「自責化マインド」を持って自らの問題を深く考えて掘り下げ、改善していくことが求められます。そのためには、問題発生の責任を自らのものとして捉え、対応していくことが大事です。優秀な先輩PMにレビューしてもらい、意見をもらうのも有効です。

課題の発見方法も大事です。もちろん、チームメンバーから課題が挙げてもらう機会を作ることは当然です。しかし、本質的には、リスクとして想定していたものが、想定内の課題（対応可能なレベルにコントロールされている）としてメンバーから上がってくる状況がマネジメントされた状況です。また、発生する時期も想定の範囲内であることが重要です。逆に、リスクが課題に変化する時期に課題化しないことが問題であり、メンバーに対して適切に質問し、リスクの状況を把握する必要があります。

オープンにするリスク、オープンにしないリスク

リスクに関しては、基本的には、PM自身が定期的にリストアップしていく必要があります。リストアップしたリスクをすべてオープンにするかしないかは、PMが判断します。メンバーが意識して行わなければならないことは、リスクとして共有し、課題化しないようにすることが必要です。例えば、開発環境の整備のリスク、テストデータの取り扱いに伴うリスク、セキュリティ上のリスクなどが課題化すると、影響範囲が広くなります。また、上司あるいは顧客に関連するリスクもあります。プロジェクト体制の整備遅れのリスク、顧客の体制整備の遅れのリスクなどです。これらは、適切な形でオープンにし、リスクを上司・顧客と共有する必要があります。ただし、メンバーの能力に関するリスク、パートナーのスキルに関するリスクなど、人に関わる問題については、PM自身の管理としたほうが良いでしょう。

いずれにしても、プロジェクト計画時にリスクを洗い出し、その後も毎月2カ月程度先まで想定してリスクを更新します。優先順位に従って対策を行うことが重要です。すべてのリスク

に対応できるかどうかは、プロジェクトの状況で変わります。その上で、できるだけ顕在化しないようにリスクの発生確率を低くする対策を打つ必要があります。

また、同時にリスクが顕在化したときの影響範囲を限定的にし、対応可能な課題となるようにコントロールすることが必要です。プロジェクトの状況に応じて、上記の対策を上手に組み合わせて対応することが重要です。

6-4 プロジェクトマネジメントの技術

PMに必要な技術がいくつかあります。詳しくは前著『プロフェッショナルPMの神髄』の第7章（プロジェクトマネジメント技術）をぜひ参照してほしいのですが、ここではプレイングマネジャーとして特に重要な技術を説明します。

6-4-1 ◆ 工程定義力

プロジェクトには特異性があるので、毎回同じやり方では通用しません。ですから工程定義力は重要です。中規模プロジェクトでは、比較的これまでの経験がそのまま生かせる場合が多いことは事実です。しかし、結果的に同じ工程を踏んだとしても、過去の工程を参考にするにしても、なぜこのような工程を定義して進めたかを検証し、不足部分や不要部分はないかを確認し、PM自身が納得することが重要です。

例えば、現行機能保証が必要な場合は、要件定義フェーズ、設計・開発フェーズ、検証フェーズの各フェーズでどのような工程を追加すべきか、また、具体的な工程定義として、適切な成果物と終了基準を作る必要があります。もっと具体的に言えば、要件定義フェーズの中で、現行システムの分析として、どの範囲に関してどのような成果物を作成し、何を持って終了と見なすかを具体的に定義する必要があります。このような活動は、設計・開発フェーズや検証フェーズでも必要になります。

内部設計を実行しないと実現方式が確定しない難しい処理を含む要件があった場合は、当然、その部分に関しては、内部設計が終了しないと要件定義フェーズは終了しないことになります。なぜなら、内部設計で、要件を十分反映できないことが判明した場合、要件そのものの見直しが発生する場合があるからです。顧客と合意した要件が後になって「実現できない」というのは、本来あってはならないことで、プロの仕事とはいえません。

そういう意味では、ある工程で作られる成果物をすべて作成しても、その工程が終了しているとは言えないのです。特に、要件定義の最終工程である外部設計工程は不安定であり、部位によって最終成果物が変化する可能性が高いです。これを筆者は「外部設計工程はゆらぐ」と表現します。中規模のプロジェクトの場合、既に標準化ルールが制定されていると考えられます。しかし、対象プロジェクトを進める上では、標準化で定められたもの以外の成果物が必要になる場合があります。前述のケースで言えば、現行システム分析の成果物が該当します。また、該当プロジェクトのための概要設計書を作成する場合もあります。これは、既存の概要設計書のアップデートだけでは、今回のプロジェクトの全体像の把握が難しく、メンバーの共通認識を形成するのが困難な場合があるからです。このように該当プロジェクトの特異性や性格をよく考えた上で工程定義を行うことが必要なのです。

成果物の定義と終了条件を明確に

工程定義の重要なポイントは、粒度も含めた成果物の定義と終了条件を明確にすることです。進捗状況の把握や途上品質を見極めるための進捗管理基準の策定が必要で、さらに、成果物の作成手順を定義した上での途上の品質報告基準を明確にします。例えば、詳細設計書の作成の場合、未作成、しかかり中、レビュー中、レビュー結果の反映中、レビュー終了などの手順を明確にすることで進捗状況が細かいレベルで把握可能になります。また、レビューの指摘件数、指摘された内容のランク付け、担当者ごとの指摘状況などの品質報告基準を決めることで、PM自身が想定する品質との差を見ながら、必要に応じて中身をチェックできます。PMが中身を保証するのは当然ですが、優先順位をつけながら確認すると対応すべき事象に早く気づき、対応可能なレベルにコントロールできます。

6-4-2 ◆ 標準化

標準化は、PM にとって重要です。既存の標準化ルールに従うことになるわけですが、ここで「従う」という感覚があるとしたら問題です。

PM はすべての成果物に関して中身をチェックする必要があります。「全量チェックをしろ」ということではありません。工程ごとに必要な成果物をチェックするということで、成果物の全種類は必要かもしれませんが、全量チェックではありません。いずれにしても、チェックするには、成果物が同じものでないとチェックが極めて困難になります。当然チェックの品質もバラバラになり品質不良の可能性が発生します。

成果物が異なると本当に各工程が終了したと言えるのかという問題があります。具体的に言うなら、人によって工程ごとの記述範囲が異なる可能性があるからです。進捗報告基準などの途上の把握も困難になります。とにかく、チェック品質を上げるためにも、工程の終了を確実にするためにも、品質・進捗の状況を随時把握するためにも、標準化されていることが前提なのです。

第7章

要件定義フェーズでのプロジェクトマネジメントの要諦

第7章から第10章は、フェーズごとのポイントを説明します。本書では中規模プロジェクトを想定しており、具体的には、サブシステムのアプリケーション開発プロジェクトになります(それ以外のプロジェクトは前著『プロフェッショナルPMの神髄』を参考にしてください)。

本章では準委任契約を前提に、要件定義フェーズを「概要設計工程」と「外部設計工程」に分けて説明します。

7-1 概要設計工程

7-1-1 ◆ 前提条件の整理

サブシステムのアプリケーション開発プロジェクトの場合、通常は「概要設計の全体編」があり、サブシステムごとにどのような機能配置を行うかを明記しています。サブシステムごとには、「概要設計サブシステム個別編」があります。

対象となるサブシステムには関連するサブシステムがあると想定し、プロジェクトの対象サブシステムの「概要設計サブシステム個別編」を作成するほか、「概要設計の全体編」と(関連サブシステムの)「概要設計サブシステム個別編」を修正することとします。

ただし、場合によっては、修正概要設計を書く時があります。これは、今回のプロジェクトの目的や内容の全体感をつかむには有効です。すなわち、今回のプロジェクトの内容を中心とした観点から、本プロジェクト用の概要設計書を作るのです。この場合、修正概要設計書をレビューした後に、原本の概要設計書を修正する必要があります。

まず、今回のプロジェクトで対象となる範囲を明確にします。追加されるサブシステムと関連するシステムのどの範囲が今回のプロジェクトの対象になるかを決定します。その範囲の品質を保証するのがPMの仕事です。範囲外はPMの責任範囲外ですが、概要設計時点でチェックポイントを定め、範囲外の状況を押さえる必要は当然あります。チェックポイントはプロジェクト計画で明確にし、何を持って品質が担保されるとするかを、工程ごとに明確にします。概要設計工程では、接続ファイルのトランザクションの追加・修正・削除を明確にすることと、主な項目の変更・追加を整理する必要があります。

次に、非機能要件を確認します。機能システムで想定しているアプリケーション処理方式で、今回対象となるサブシステムのトランザクション量、データベース容量、レスポンスタイムなどが満たされるかどうかをチェックします。新たな処理方式の追加になると規模が大きくなり、もはや大規模プロジェクトになります。そうしたケースでは前著『プロフェッショナルPMの神髄』を参考にしてください。ただ、非機能要件を確認することは重要です。この時点で非機能要件を見直し、対応可能な要件に変更できるかどうかを確認することが必要だからです。これを見逃すと、本プロジェクトを成功に導くことは難しくなります。

アプリケーション出身のSEは処理方式やシステム基盤に関して無頓着な人が多いように思いますが、それらを理解することは大切です。例えば、他システムに電文を出力した場合、他システムから正常な応答電文が返ってきているかを監視し、一定時間が過ぎて正常応答が無い場合には、自動的に取り消し電文を作成し、他システムに出力し、自システムにはエラー処理を実行する必要があります。このような仕組みは、処理方式のみならず、アプリケーション処理にも影響します。機能システムになかった処理に関しては、洗い出して影響がないか確認が必要です。

OSレベルまでの基本動作を押さえる

プレイングマネジャーとしては、アプリケーションがどうやって動くかを常に疑いながら確認していく必要があります。そういう視点がないとアプリケーション処理方式の抜け漏れを見抜くことはできません。アプリケーションの処理方式は、DBへのアクセス・ログ出力・エラー処理、複数の同一プロセスに振り分け・管理・監視する方式、データバックアップ処理方式、日時の終了処理などの各種締め処理方式、バッチデータのオンライン処理への反映方式、プログラムのライブラリ管理・リリース方式・緊急リリース方式、トランザクションの連携方式、ユーザーのアクセス管理、PC管理・プリンター管理・デバイス管理など、多くあります。このような処理方式の上でシステムは稼働しているのです。

それらの前提としてDBMS（データベースマネジメントシステム）、ハードウエアを制御するOS、ハードウエアと会話するBIOSなどがあります。さらに、ハードウエアやLANなど物理レイヤーもあります。SEは、少なくともOSレベルまでの基本動作を知った上で、稼働する仕組みを理解する必要があります。

「ただのSEになれ」

今担当している処理方式を前提条件にしてはいけません。そうしないと、今担当しているシステムの上でしか仕事ができなくなります。顧客が変われば、アプリケーション開発の前提条件が変わります。業界が異なればさらに大きく異なります。筆者は、よく「ただのSEになれ」と言います。「ただのSE」とは、特定のシステム名のつかないSEを指します。「ただのSE」は、様々な業界の異なる特性を持つシステムに対し、きちんと対応できるSEを表しているのです。「XXXシステムSE」が、それの対極にあるSEです。「XXXシステム」が無くなったら、「XXXシステムSE」もいらなくなります。「XXXシステムSE」は「XXXシステム」と同じ寿命になりますので、もって10年ということになります。そうならないためにも、できるだけ前提条件を置かないように、システムの仕組みを常に疑い、追究していく姿勢が必要だと思います。今、アプリケーション開発技術が大きく変わろうとしています。それに対応するためにも、前提条件をできるだけ置かない「ただのSE」であるべきだと思います。

内部設計以降をパートナーに委託する場合は、本工程から参加させる必要があります。その場合、パートナーに外部設計を作成してもらいます。成果物の中身についてPMが100%チェックし、不十分な場合は何度でもできるまで繰り返します。実現可能性の確認のために内部設計以降を進める必要がある部分は、必要な工程まで進めてもらい、その成果物を見て実際に開発可能であることを確認します。

こうすることで、初めてPMは開発パートナーの外部設計の理解度を評価し、内部設計以降が受託可能かどうかを判断できます。委託側で作成した外部設計を渡し、それに基づいてパートナーが内部設計を実施すると、結構な確率で外部設計の理解不足による品質問題が起こります。そうしないために、外部設計を開発パートナーが作成します。そうすると外部設計の理解度は格段に増します。外部設計と齟齬の無い内部設計・詳細設計ができる確率が格段に高まります。

外部設計を本当に開発パートナーに理解してもらうには、実際に作ってもらうのが一番です。何度も外部設計をレビューするのは、外部設計の理解度を測定していることになります。面倒ですが、これは重要なことです。

実際のアウトプットを自分の目で見て、パートナーの品質を見極めることが大事です。経歴書を見るといろいろな経験が豊富に書いているので「この人だったら大丈夫」と思いたいところですが、本当に信じてもいいのでしょうか？

新たなパートナーが受託開発を請け負うとき、PMは責任を持ってできるかどうかを判断する必要があります。もちろん、丸投げをしてはいけません。外部設計の理解度と内部設計以降を受託できるスキルがあるかどうかを、実際のアウトプットを見て判断します。そうすれば、内部設計以降の品質も生産性も予測できます。

問題があれば依頼前に手を打ちます。設計、開発の実現性を阻害するリスクを想定し、早めの対応を打つことになります。よく「開発パートナーが悪く、製造品質が極めて悪かった」という話がありますが、依頼するときにきちんと見極めればそうはなりません。想定外ではなく想定内のことが起こったのではないでしょうか。

7-1-2 ◆ レビュー体系の決定

次に、概要設計書のレビューをどのように実施するかを整理します。前述したように、概要設計書には「全体編」と「個別編」があります。一般的には「全体編」相当と「個別編の業務フロー・画面遷移・DFD・状態遷移図レベル」相当は、顧客の部長レベルの確認が必要です。ここでの顧客とは、ユーザー部門とシステム部門の双方です。それ以降の「個別編」に関しては、顧客（ユーザー部門・システム部門）の課長レベルでレビューするのが基本形だと思います。あくまで基本形ですので、顧客の状況によって変わります。顧客の現場の最高責任者の承認が必要なレベルと、現場の責任者のレベルを組み合わせる必要があります。特に、業務の見直しを伴うシステム案件の場合、当初の目的を現場レベルに持ち込むと、業務変更を嫌う現場レベルの声に押されて、当初の目的が果たせなくなる場合があります。そういう場合は、特に最高責任者にレビューを促し、本来の目的が果たせるように持っていく必要があります。いずれにしても、誰がどういう権限で承認するか、同時にその時の顧客側の活動内容については、顧客の部長レベルを含めて事前に確認する必要があります。同時に、工程が進むごとにレビューすべき情報が多くなります。レビュー品質を保つためには、適切な顧客側の権限委譲が必要になりますので、顧客の立場と権限を顧客責任者と認識を合わせることも重要です。

7-1-3 ◆ 報告基準の策定

報告基準とは、概要設計工程の進捗を計るための基準です。概要設計はプロジェクトごとに記述する内容が異なる場合もありますので、基本的にはPMが書くべき内容を目次レベルで明確にする必要があります。同時に、規定されている標準化に合わせて、今回作成する概要設計書の目次が、標準化で定められている成果物の何に相当するかを決める必要があります。これにより、設計書の記述内容と粒度が必然的に決定されます。

実際のプロジェクトでは、メンバーが作成した成果物は、顧客のレビューの前にPMが原則見ていますので、社内で品質のばらつきを事前に調整します。本工程のアウトプットの品質の保証はPMの責任になります。チェックするためにも作成すべき成果物の定義は明確にしておくことが大切です。

概要設計工程の品質を決めるのは、実は顧客です。そのため、業務経験が十分な顧客の担当者に、十分なヒアリング、および、確認をしてもらうことが大切です。ここでの品質基準は、顧客担当者の業務スキルと、十分な時間の確保ができているかどうかになります。PMはすべての成果物を確認していますので、進捗状況・受け手としての品質状況を把握しています（把握できていないと失格です）。その上で、受け手の品質が顧客の満足する品質であることを確認します。当然PMは、顧客担当者のレベルや時間確保の不十分な部分を確認できますので、顧客の責任者にその部分を認識してもらいます。顧客側の体制やパワー配分を見直してもらい、顧客が満足できる品質になるまで向上させる必要があります。本工程の進捗管理・品質管理の目的は、適切な報告基準を策定し、顧客に状況を見える化し、顧客とともに顧客の問題も含めて共有し、プロジェクトの課題を解決していくことです。

具体的には、概要設計書の目次レベルで報告基準を策定することだと思います。もちろん、すべての目次について報告基準を作成する必要は無く、成果物の終了条件を定めた単位ごとに報告基準を作ればいいと考えます。ただ、未着手・着手・レビュー中・レビュー反映中・終了という遷移だけでなく、指摘件数・指摘内容別の件数・要件変更件数・レビュー時間などの品質に関する報告基準を策定することが重要です。さらに、業務フローなどが明確になると概算のFPも算出できるので、規模別の指摘件数を活用すると、既に存在する同一機能システムのほかのサブシステムとの比較ができます。

7-1-4 ◆ 終了基準の策定

終了基準とは、品質が当初の期待通りのレベルになっているかどうかを判断する基準です。最も重要な基準といえるでしょう。この基準は、次工程に入れるかどうかを判断する基準でもあるので、工程の最後で判断すると大きなリスクになる可能性があります。従って、工程の途上で品質を確認する必要があります。これを「途上品質」と呼びます。

途上品質を測定するには、報告基準ごとに終了条件を明確にする必要があります。これにより、品質を一歩一歩確認しながら、最終判定基準のリスクを低減し、マネジメント可能な状況にすることができます。

PMは品質状況を自分自身の目で確認し、進捗状況も体感しているはずですので、その状況をプロジェクトの進行に合わせて顧客と共有していくことが大事です。そうすれば、顧客も品質状況が客観的に把握でき、安心してプロジェクトを見ることができます。問題・課題の発生がタイムリーに把握できるほか、問題の本質を共有でき、問題解決に向けてスムーズに対応できることになります。

概要設計工程の品質の鍵は顧客にありますので、顧客をいい意味でコントロールしていくことがPMに求められるのです。

また、このような状況を作り出すと、顧客のPMへの信頼は日増しに大きくなります。そうなると、PMからの指摘に対して、素直に対応してもらえるようになります。この工程は、プロジェクトの顧客責任者にとって最も内容が理解できる工程ですので、PMの力量を見極めやすい工程になります。そういう意味では、PMが顧客責任者からの信頼を得るために重要な工程なのです。

終了基準のポイントは、レビューの十分性を判断する基準です。レビューの十分性の判断基準とは、十分スキルのある顧客がレビューし、十分に時間を割いて、真剣な確認をしているかを判定する基準です。もちろん段階的にレビューしますので、それぞれのレビュー基準を作成する必要があります。段階的にレビューを行うと当然レビューを行う人が増加しますし、変わっていくことも考えられます。それぞれのレビューアに求められるスキルも変化しますので、レビュー基準も変わっていくと考えたほうが良いと思います。

PMはレビューに参加していますし、事前に顧客担当者の状況を把握し、レビュー前には事前の手を打っているはずです。事前のPM自身の想定とレビューの状況に差分があったとしたら、PMの問題だと考えてください。もちろん、レビュー後のメンバーへのフィードバックと対策をただちに該当メンバーと協議し、指導する必要があります。さらに、顧客側にも問題がありますので、顧客の担当者、あるいは、顧客責任者と会話して対策を調整する必要があります。

重要なのは「想定との差」

重要なのは、「想定との差がどのくらいなのか」です。例えば、内容的には十分大丈夫だったはずが、ぎりぎりOKだったとすると想定との差が大きいと言えます。逆に、想定以上に良い場合も、問題の可能性があります。とにかく自分の想定との違いの原因分析を必ず実施します。プロジェクト全体を完璧に回すことは基本的に無理です。優先順位の高い部分を手厚くし、低い部分は、制御可能な状況を作ればいいのです。

とにかくプロジェクトの状況を体感していれば、想定外のことは通常起こりません。従って、想定外と思ったことを本当かと確認することは、極めて重要です。

レビュー品質を見極める上では、顧客のレビュー時の説明や質疑への対応を見るとよく見えてきます。レビュー品質は、顧客のスキルと内容に対するコミットメントによって決定します。顧客の説明がいかにも現場から出た知恵と感じ、現場をより良くしていくような内容だと品質は高くなります。PM自身が「なるほどなぁ」と感じることが重要なのです。

まっとうな顧客担当者は、本業ですから、常日頃業務を行いながら疑問点や改善方法を考えるものです。そして、いくら業務に詳しくても、良くしていく意欲の無い顧客担当者だとなかなかいいものにはなりません。現在の業務を変えない抵抗勢力になる可能性すらあります。顧客担当者の業務スキル不足がある場合は問題外です。また、どんなにすばらしい担当者でも、必要な時間を確保できないと、いいものにはなりません。

レビュー中に顧客レビューアからまっとうな指摘がいくつもあると、終了基準に達しないことになります。こうなれば、顧客の責任者と対策を練る必要があります。顧客の担当者の問題となると、現場の顧客責任者では対応が難しくなるからです。こういうときは、部長をうまく活用し、顧客と調整することが必要です。重要なのは、事実に基づいて顧客の問題を指摘することです。場合によっては、レビューの実際の状況を確認してもらい、顧客責任者に自覚してもらいます。事実に基づく指摘をした上で、解決策をいくつか示して話し合いを進めます。少なくとも顧客の担当者の一定のスキルと意欲が無いと本工程は成り立ちません。その上で、体制と期間の問題になっていくと考えられます。

7-1-5 ◆ レビュースケジュールの策定

レビュースケジュールに基づいて作業スケジュールが組み立てられ、顧客担当者とチーム担当者の作業分担について合意します。当然、レビュースケジュールに関しては、順番も考慮する必要があります。通常は、成果物の目次に沿ったスケジュールになりますが、同一目次の成果物の順番は、設計内容に応じて順序をつけて行う必要があります。例えば、わかりやすい例だと、登録管理をレビューした後に、変更画面をレビューするのは当然です。このあたりのレビューの設計は、PMの責任で行います。

レビューは、最低2回行うことを前提に、予備日も設けます。

顧客の担当者の状況が十分把握できているとしたら、予備日は不要な場合もあります。逆に、難易度の高い成果物、あるいは、初めての担当者なら多くの予備日が必要かもしれません。PMがレビューアあるいはチームリーダーに対してどういう評価を持っているかで日程の組み方が異なります。こういう論理の組み立てが「PMの仕事」であり、論理の組み立てと現実との差を想定内にすることが「PMの技術」です。

レビュー日程は、プロジェクトの責任者を優先し、上役から順番にスケジュール時間を確保していくことも重要です。

7-1-6 ◆ PMとしての品質保証活動

概要設計工程では、基本的にすべてのアウトプットをPM自身が確認し、中身の齟齬がないことと品質のレベルを保証する必要があります。その中で、本プロジェクトの顧客の目標が満たされているかどうかを確認するのです。業務改革を目標としているなら現状の業務の見直しが大前提ですが、現行の業務処理の焼き直しになっているケースもあります。概要設計工程の品質は、顧客の要求機能への妥当性の確認、つまり、顧客が喜んでシステムを使っている姿が思い描けるかどうかです。

概要設計の品質は顧客の担当者とチームメンバーのスキルで決定されますので、PMはメンバーのスキルを見極めて適切に対応します。チームメンバーのスキルによって、PMが担当者に割く時間も変わります。顧客の担当者に関して言えば、体制増強などのお願いを早めに顧客へリクエストする必要があります。そうした状況を踏まえながら、プロジェクトのタスク分割の仕方を調整したり、一部のスケジュールを見直したりして対応していく必要があります。もちろんスケジュールの見直しを顧客に求める場合もあります。

概要設計工程で、機能品質の9割は決定します。この工程で品質不良が発生すると、最悪の場合リリース品質に至らず、プロジェクトの大幅な見直しに発展する可能性が大きくなります。この工程の品質保証は、PMの活動として最も重要です。PMは、自らの目で確認し、品質が十分に達しており、後工程で、十分品質を確保できると確信を持つことが大切です。

この工程の品質の責任は、契約上はあくまで顧客の責任ですが、PM自身の責任という思いでプロジェクトを進めていく必要があります。PMの最大の責務は、「お客様に喜んでもらえるシステムを期限内にお約束した予算内に構築すること」なのです。この軸をぶらさないようにしましょう。

顧客が責任を持って要件定義するように仕向ける

では、「すべて受託契約にすべきではないか？」と指摘する人もいますが、これは間違っていると筆者は思います。何が欲しいのかを決めるのは、あくまでもそれを手に入れる人でなくてはならないのです。何が欲しいかわからずに、物を購入する人はいません。

ただ、注意点があります。「顧客の担当者」と「顧客」は違うのです。顧客とは、法人格の顧客です。法人格の顧客はある意味バーチャルですが、発注者はあくまで法人格の顧客です。顧客担当者は顧客の法人格と異なるので、欲しいもののリクエストがぶれる可能性があります。でも、それを明確化する仕事の責任は、あくまで参加している顧客側メンバーにあります。そういう自覚を持って、要件定義をしてもらえるように支援するのがベンダーの仕事です。

「あなたの要件は、本当に今回の目的を実現できるのでしょうか？」「この業務設計で、実際の業務は問題なく回りますか？」「この業務変更で、どのくらいの効果を出すことができるのですか？」「本当にこの業務は必要なのですか？」などの質問を繰り返しながら、概要設計を進め、あくまで顧客自身が、責任を持って、要件を定義するように仕向けることこそが、PMあるいはチームメンバーに求められているのです。

PMは、チームメンバーのアウトプットのみならず、顧客担当者への対応についてもチームメンバーのレベルに合わせて指導することを求められています。これらの活動が、PMが品質を保証する上で重要です。

開発規模が膨らむなら調整に入る

概要設計工程で開発規模がおおよそ見えてきます。今後のスケジュールと予算を踏まえた現実との規模感との差が無いことを確認する必要があります。この工程では規模が膨らむ可能性があります。そうなった場合は、この時点で、規模あるいはスケジュールとコストの見直しを行う必要があります。

基本は、規模の調整が優先します。それは規模が大きくなると基本的にはプロジェクトのリスクが大きくなるからです。規模を調整する場合は、事前にある程度の上限規模の約束を顧客とします。また、要件超過による見直し期間を設けておく必要があります。概要設計の途上でボリュームの調整が必要であることは、PMが一番初めに気づき、気づいたらすぐに調整します。もし見積もりの妥当性から考える必要があるなら、致命的になる場合があります。なぜなら、最低限の機能が規模内に収まらない可能性があるからです。この場合は、プロジェクト全体を見直す必要があります。

プロジェクトとして機能優先を掲げる場合は、規模が大きくなり、追加契約などの契約見直しやプロジェクト計画そのものの見直しが必要になる場合も発生します。

本工程は、今後のプロジェクトの方向を決める非常に重要な工程です。見直しを行うとしたら本工程しかできないと考えるべきです。

7-2 外部設計工程

PMは、外部設計工程までの内容をすべて頭に叩き込むことが必要です。ただ頭に叩き込むだけでなく、以下の5つの状況をPMが保証します。

・成果物に矛盾が無い（概要設計書間かつ外部設計書間に矛盾が無い、もしくは、矛盾する部分のすべての修正箇所が明確になっている）。
・実際に顧客がシステムを使っている状況がイメージでき、顧客の業務が改善され顧客が喜んでいる姿が想像できる。
・実現が難しい処理は、実現方式まで明確になっており、設計された内容はすべて可能である。
・想定される開発規模は、当初の予定内に収まっているか、もしくは、開発規模に応じたプロジェクト計画が見直されている。
・上記内容に関して顧客と合意している。

何度も言いますが、PM自身が中身を確認して保証することです。当然、契約は準委任契約ですから、契約上の成果物の品質保証をする必要はありません。しかし、日本の特殊な環境なのかもしれませんが、筆者は、プロというのは、顧客に喜んでもらうことを常に考えることだと思います。顧客に喜んでもらうことを原点に、PMもSEも行動すべきだと思います。

次に、「前提条件の整理」「レビュー体系の決定」「報告基準の策定」「終了基準の策定」「PMとしての品質保証活動」に分けて説明します。外部設計工程は、要件定義フェーズの最終工程です。「要件」という言葉は、とても大切です。「要求」定義ではありません。ここで言う「要求」は、顧客の「したいこと」です。それに対して「要件」は、顧客の「したいこと」に基づいて、実際に「できること」にしたものです。つまり、要求事項と制約事項の折り合いをつけて「要件定義」とします。「制約条件」とは、想定する非機能要件（口座件数・秒間処理できるトランザクションなどの性能目標）、リリースまでに対応できる規模、予算などです。

7-2-1 ◆ 前提条件の整理

外部設計工程で作成すべき設計書は「外部設計書」です。外部設計書自体は、機能システムの標準化に沿って作成されると考えます。さらに、外部設計書はサブシステム単位に作成されると考えられ、データベースの論理設計も含まれると想定します。周辺のサブシステムの外部設計書は、「外部設計修正書」なる変更点を中心とした一時的な設計書が作成されると想定します。内部設計終了以降適切な時期に、原本の外部設計書が確実に修正されると想定します。

外部設計工程では、機能の一部に関して次工程以降の作業が必要になる場合があります。それは、実現方式が難しいと思われる機能についてです。概要設計を受けて、そのような処理を洗い出して明確にしておく必要があります。さらに、洗い出した機能ごとに、内部設計まで行えば実現性を見極められるのか、詳細設計以降も一部必要なのかを見極めます。

このあたりの成果物の定義はPMの仕事です。前述した「外部設計工程のゆらぎ」です。

7-2-2 ◆ レビュー体系の決定

外部設計のレビューは、顧客のシステム担当責任者（通常課長クラスでPMの相対をしている）とユーザー部門の担当責任者（通常ユーザー部門の課長クラス）を頂点として、ベンダー側は、PMもレビューアとして参加することになります。設計部位ごとに顧客担当とベンダー担当が参加し、基本的には、顧客担当者がレビューを受ける形になります。この場合、顧客の責任者（ユーザー部門長・システム部門長）から、前述したように、担当責任者へレビュー権限が与えられていることが前提となります。

PMは事前に中身を確認し、実現困難な機能があれば、その理由を説明して顧客の要件を調整します。外部設計を進めて詳細化していくと、概要設計を見直さざる得ない部分が必ずあります。このようなケースを想定し、概要設計の要件変更手順を本工程に入る前に整備します。その手順では、顧客責任者に必ずレビューしてもらうようにします。

PMは外部設計の中身を完全に押さえておく必要がありますし、概要設計同様に関連設計書との間に矛盾が無いことを確認し、保証することが重要です。

善管注意義務が求められる

ここまでの説明は、準委任契約を前提としていますので、契約上のことではありません。ただ、最近の世の中の状況を見ると、準委任契約であっても適切な善管注意義務が求められます。日本の場合、顧客企業にスキル･体制が不足しているため、プロであるベンダー側がその責任を負わざるを得ないという社会情勢を映したものだと思います。ただこうなると、顧客のITに対する当事者意識がますます無くなっていくのではないかと危惧します。

これからの時代、顧客もITに対する意識を高める必要があります。そのため、ベンダーと顧客との共同IT体制をどう作るかが大きな課題となっていると感じます。前述したように、あくまで準委任契約を貫き、顧客に責任をもってレビューしてもらうようにもっていくのが王道だと思います。

また、実現性の確認のために、本工程で内部設計以降を実施して確認した場合､基本的にはPMが品質を保証します。当然、顧客のシステム担当責任者には、説明し理解をしてもらったほうが良いと考えます。この場合の成果物は、受託契約に基づく場合が基本ですので、品質に関する責任はベンダー側が完全に負うことになります。工程は外部設計ですが、納品は内部設計書となるからです。

レビューのスケジュール決定に関する考え方は、概要設計に準じます。

7-2-3 ◆ 報告基準の策定

外部設計の成果物の章立てを参考に、報告基準を作ります。基本的な考え方は、概要設計に準じます。

7-2-4 ◆ 終了基準の策定

基本的にはレビュー責任者が内容をきちんと確認し、承認することが終了条件です。レビュー責任者のスキルと、ユーザーが業務を良くしたいという思いが品質を決めます。この時点でPMは、レビュー責任者の品質を十分に見極めているはずです。これができていなくて、外部設計に入るなど考えられません。しかも、PMは中身を保証しているわけですから。

ここでのポイントは、利用ユーザーの業務を網羅し、かつ、良くなっていると確信が持てることです。もう1つは、当初計画したプロジェクトの目標がクリアされていることです。規模・実現方式がすべて明らかになり、プロジェクト計画通りに、プロジェクト完了が見込めるということです。

これにより、外部設計終了時点で「上限品質」が固定され、「顧客の求める品質」を上回る品質を満たしていることが確認できると思います。全体規模や今後の要件変更の度合いについては、外部設計終了前の時点で、PMには相当見えてくると思います。その時点で速やかに顧客と調整し、「プロジェクトの完了が見込める」状況に持っていくことが必要になります。

7-2-5 ◆ PMとしての品質保証活動

外部設計工程でのPMは、最終品質を保証するためにあらゆる活動を行います。最終成果物の中身を自ら確認し、終了条件を達成すべく、各メンバーを指導しながら、改善していくことです。その中で発生する問題に関しては、早めに顧客と相談しながら対応を協議していく必要があります。

重要なことは、この時点で開発規模がほぼ固まるということです。開発規模が固まれば、スケジュールも固まります。そういう意味では、本工程の終了と同時に、プロジェクト計画の主要な項目は決まります。もちろん、段階的に計画をタスクに落として具体化していくのは当然ですが、スケジュールとコストについては、大きな要因が無ければこの時点で決定します。そのためにも、本工程の品質保証はとても大切です。また、本工程で、適切なプロジェクト計画に見直し、顧客と合意する必要があります。

この工程が終了するころ、もう１つ重要な終了条件があります。それは、顧客との信頼関係です。これまでの活動をPMが誠実に実施していると、顧客の担当責任者との間で極めて強い信頼関係を築くことができます。さらに、顧客の責任者からも一目置かれる存在となっているでしょう。

PMと顧客担当責任者は、ある意味一体化していく状況になっていると思います。PMにとってシステム開発という仕事は、顧客の問題を顧客と一緒に見つめ、顧客と一緒に解決することです。まさにそういう状況が、もう１つの終了条件だと言えます。このときPMの上司から、「うまく進んでいるね。でも、おまえは、いつもお客さんのことばかりだ。少しは、当社のことも考えてくれよ」なんて言われると最高かもしれません。

最後に、顧客がなかなか要件を決めてくれないという話を聞きます。この問題で悩んでいる読者もいると思いますが、本当に顧客の問題でしょうか。実は、ベンダー側ができることは、まだまだ多くあるのではないでしょうか。そういうふうに考えることが必要だと思います。基本的に顧客をコントロールすることは難しいと思います。「北風と太陽の話」のように、無理に服を脱がすのは無理だけど、自然と自ら服を脱ぐように仕向けるのです。「顧客がなぜ仕様を決めないのか？」「何を悩んでいるのか？」といった観点で、顧客にアプローチできているでしょうか。PMは、顧客と同じ課題を同じ視線で一緒に見る姿勢が必要です。顧客が見ているのが最終顧客（顧客の会社にとってのお客様）ならば、その視線で問題を一緒に考え、仕様の良し悪しの判断を支援し、選択肢を提供します。顧客が仕様を決めないのではなく、顧客が仕様を決められるように、真の問題を共有し、一緒に悩み、プロとして、より良き方向に導いて行くことが、PMには求められているのです。逆に、PMがスケジュールを守るために、顧客に「早く決めてください」と連呼していても、事態は良い方向に向かいません。

なぜなら、PMの最大の使命は、顧客の問題を、システムを通して解決していくことだからです。こういう観点で要件を見ないと、PMとして、顧客が満足する品質をシステムとして提供できるかどうか判断できないと思います。PMは本当の意味で要件を理解すべく、システム部門の視線、ユーザー部門の視線、最終ユーザーの視線と多角的にシステムの要件を見ていくことが必要になると思います。

第8章

設計・開発フェーズでのプロジェクトマネジメントの要諦

設計・開発フェーズに移ります。ここまででPMには、既にゴールが見えています。アプリケーション処理方式に関しては、実現困難な部分は前工程で設計方式を明確にしており、比較的難易度を抑えられた状況になっているはずです。

以下は、設計・開発フェーズからパートナーに開発を委託することを前提に話を進めます。

PMは委託先のパートナーの力量を既に見極めており、成果物の品質・生産性を想定でき、想定内で出来上がってくることを確信しているはずです。ただPMは、最終的に品質を顧客に保証する必要があります。適切なプロセス定義と管理を実施し、品質を随時測定しつつ、プロジェクトを進める必要があります。

本章は、「内部設計工程」と「詳細設計工程から単体テスト工程」に分けて説明します。

8-1 内部設計工程

PMは内部設計の中身をすべて理解し、外部設計を実現するために十分な内部設計であることを保証しなければなりません。すべての内部設計に目を通し、過不足なく設計されていると確認することが必要です。同時に、プロジェクトの品質を測定していく中で、当初想定した範囲の品質や生産性が保たれていることも重要なポイントです。想定と違う場合は、原因を追究して対策を打つ必要があります。

PMは、常にプロジェクトの先を見ながら運営します。予測できる内容の精度が高くないと、プロジェクトの成功はおぼつかないです。常に予想と実際の差を意識し、その差を最小にする努力を怠ってはいけません。

内部設計工程は、「品質管理と進捗管理」「品質保証プロセス」「品質管理」に分けて説明します。

8-1-1 ◆ 品質管理と進捗管理

内部設計書の章立てを複数グループに分割して進捗を管理します。そうすれば、途上の品質と進捗を確認し、リスクを最小限にできます。グループごとの成果物単位で終了基準を明確に、品質を満たした上での進捗管理が基本になります。

8-1-2 ◆ 品質保証プロセス

内部設計の品質保証プロセスを決定し、規定したプロセスをパートナーに実施してもらいます。パートナーにはリーダーとメンバーがいます。リーダーは、メンバーの成果物をチェックし、適切に指摘します。その上で、メンバーが修正すれば、修正が正しく実施されたことをリーダーが確認するという一連のプロセスを確立させることが必要です。

8-1-3 ◆ 品質管理

パートナーの品質を確認するには、2つの確認ポイントがあります。1つは、パートナー内で品質保証プロセスが正しく運営されたかどうかの確認です。実際のプロセスが行われていることを証跡などで確認します。

もう1つは、PMによる実際の成果物の実物実査です。実物実査では、まず重要な機能の設計書を可能な範囲で早く確認します。さらに、パートナーメンバーごとの最初の成果物を確認します。これらを早く実施し、成果物の妥当性を確認することで、品質の状況を早くつかむのです。特に、新たに参加したパートナーメンバーのチェックは早くすべきです。

最終的には、PMは内部設計のすべてを確認する必要があります。ただし、重要でない機能に関しては、力量を踏まえた上で、自社のメンバーに一部委任する場合もあります。このようなプロセスと成果物の確認を「品質管理」と言います。これにより、顧客に対して品質を保証することになります。

パートナーに対して「実質委任」になってはならない

品質状況をパートナーリーダーと共有し、必要なら対応を求めます。あくまで委託側という立場で行動します。パートナーリーダーは、自社内のプロセスが正しく運営されているかどうかの状況を把握し、委託側に報告して保証しなくてはいけません。実物を全件実査し、内容の妥当性、および外部設計との整合性を確認することが必要です。これらのプロセスに関しても、パートナーリーダーと合意する必要があります。

パートナーを尊重することも、もちろん重要です。例えば、パートナーのメンバーに対して、個別に指揮命令を出すことは禁止されています。適法に行動するのは当然ですが、リーダーを通じたとしても、個別に詳細な指示を出し過ぎると、結果的に中身の責任を委託側が負うことになります。細かい指示を出し続けると、委託側の指示による対応を強いることになり、結果的に、パートナーが全体の整合性を保証できなくなるからです。この状態を、筆者は「実質委任」と呼んでいます。PMはレビューの場を通じて、パートナーに働きかけるなど、バランスのよい対応が必要です。

品質問題を起こした場合、「実質委任」状態が起こる可能性が高いです。そうなると、パートナーの受託責任がなくなっていきます。実質委任状態が発生すると、品質不良の追加費用が発生しますが、受託先に請求するのは難しくなります。パートナーが悪い品質で作れば作るほど、パートナーはもうかる構造になります。委託側の損害が出ることになります。これでは、パートナーが成長しません。結果的にこのパートナーをダメにすることになります。受託契約を常に意識し、パートナーのリーダー経由で、パートナー自身の判断で、受託範囲を常に確認しながら、仕事を進めることが重要です。

標準化の遵守や、品質保証プロセスの遵守、報告内容の遵守などについて、委託の範囲であることをよく確認することです。通常の様々な問題が発生した時も、パートナーとの受託契約を常に頭に置いて対応することが重要です。これが、パートナー自身の品質向上につながるのです。

いずれにしても、この工程以降の品質問題は、パートナーの品質に大きく依存します。受託開発に入る前に、パートナーの品質を見極めることが最大の品質向上策です。品質を予想した上で、早めに手を打つことがPMに求められます。そうすれば、品質問題に悩まされることなく、安心して次工程である詳細設計以降の準備に集中できます。PMが見ているのは、常に先です。現状は、想定した状態との差分にすぎません。

8-2 詳細設計工程から単体テスト工程

詳細設計工程まで来れば、プロジェクトの勝負はほとんどついています。ここまで正しく行っていれば、基本的にはプロジェクトは成功します。この時点でPMは、パートナーの実力を完全に見切っているはずです。パートナーが開発するプログラムの品質を想定でき、十分合格水準にあることを確信しているはずです。もちろん、顧客との関係も良好で、機能品質は顧客の要求品質を上回っていることを確信しているはずです。機能もすべて実現できるレベルであることを確認しており、前述したように、現行機能に関しても、これまでのところは十分捕捉できていると確信しているはずです。つまり、品質が作り込まれている状況です。

開発規模も想定内であり、全体スケジュールもほぼ予定通りであると思います。こんな状態を作ることがここまでの活動だと言えます。ただ、まだリリースに向けての様々な課題・問題が残っています。気を引き締めて、続けましょう。

詳細設計から単体テストのポイントを4つ説明します。

8-2-1 ◆ 前提条件

機能システムの標準化ルールは設定されているはずです。例えば、詳細設計のフレームワーク、コーディングフレーム、DBのコールシーケンス、単体テストケース作成標準など、実際のプログラムの製造に関する標準化です。

内部設計工程でも説明したように「品質管理と品質保証」があります。PMは顧客に対して品質保証責任があります。実際はパートナーに再委託しているので、パートナーは委託側に対して品質保証責任を負い、同時にPMが顧客に品質を保証するためにパートナーの品質管理責任を負っています。結果的に、PMは顧客に対して品質を保証していることになります。

詳細設計から単体テストの工程は、同一人物が担当するのが好ましいです。詳細設計とコーディングを分けるのはあまり効率的ではありません。というのは、V字モデルで示しているように、詳細設計と単体テストは同一スキルが要求されるからです。単体テストをできる能力のある人は詳細設計書を設計できるレベルの人であり、単にコーディングができる人には単体テストはできません。つまり、詳細設計を担当せず、コーディングと単体テストを担うという役割分担は危険です。V字モデルを理解し、役割分担、あるいは、フォロー体制を含めた品質保証方法を考えねばなりません。

8-2-2 ◆ プログラム単位の進捗報告基準

品質保証プロセスに従ったパートナーからの報告基準と、品質管理プロセスにのっとった報告基準の2つがあります。前者は、プログラム単位に、詳細設計、コーディング、単体テストの工程に分け、さらにそれぞれを、詳細設計書の書き上げ、詳細設計書のレビューなどの細かいプロセスごとに報告する基準になります。後者は、詳細設計書の重要機能のレビュー状況など、PMが確認すべき項目の進捗状況を把握するための報告基準です。

単体テストについて説明します。なぜ単体テストが重要かといえば、プログラムの全分岐、全網羅を確認する唯一のテストだからです。すべての論理的なパターンは、単体テストでしか保証できません。そういう意味では、連結テスト以降の工程は、すべてのプログラムのコードを確認するというよりは、設計・開発してきたことが正しく動作していることを確認するためのテストになります。そのため、単体テストは品質の作り込みの最終製造工程となります。テスト工程というより、製造工程の一部と理解したほうがよいのです。

8-2-3 ◆ PMの活動

重要機能に関しては、PMは詳細設計書と単体テストの結果をチェックする必要があります。重要機能のプログラムは、コーディングを直接確認するのが基本ですが、言語によっては確認するスキルが無い場合もあります。この場合は、PMのスキルの無い部分を補う社員に代行させるのが良いと思います。PMには、高いレベルのプログラミングスキルが求められます。直接プログラムを見て、中身を判断するためのほか、代行させたメンバーからの報告に対して、正しく状況を把握し、中身を判断するためにもプログラミングの高いスキルは必要です。

PMは、パートナーの担当者ごとに、詳細設計書、プログラム、単体テスト結果を実物実査します。これは、パートナー担当者のスキルを見極めるためです。いくつかの成果物を見て、パートナー担当者の品質状況を自分の目で見て把握し、品質のばらつきを抑えます。実際は、この時点で想定した品質に達しないと、パートナー担当者に対して集中的な対策を実施します。同時に、なぜパートナー担当者が品質不良になることを想定できなかったか分析します。分析結果は、今後のプロジェクトに生かしていく必要があります。

パートナー側でも、品質不良がなぜ未然に防げなかったのかは重要な点です。パートナーが実施すべき品質保証プロセスが不十分だったと考えられます。このような問題は、今後のプロジェクトでも繰り返される可能性が高いです。十分な対応策をパートナー側に求める必要があります。ただ、ベンダー側に問題があるケースもあり、その場合も根本的な対策を打つ必要があります。

8-2-4 ◆ PMに求められるスキル

設計・開発フェーズでは各成果物（内部設計書・詳細設計書・コーディング・単体テスト）の整合性が取れていることを確認します。整合性確認には、各工程間の網羅性の担保も含まれます。特に重要な機能については十分な確認が必要です。重要な機能とは、通常、設計書の難易度が高い機能です。

皆さん、一番難しい成果物をチェックするには、どのようなスキルが必要だと思いますか？　それは、成果物の作成者を指導できるレベルのスキルです。先生レベルのスキルがあって、初めて成果物のチェックができるのです。それも、設計・製造フェーズで一番難易度が高い部分を指導できる能力が求められます。このようなスキルでのチェックができていないと、パートナーの能力次第でこの工程の品質が決まることになります。これは結構無視される話です。

というのも、たとえPMとしての活動が不十分であっても、「優秀なパートナーの方にやってもらったから、たまたまうまくいった」というケースも時々あるからです。特に、中規模プロジェクトの場合、既存のパートナーが担当することも多々あり、彼らが十分にスキルを持っている場合が多いからです。これは、たまたま運が良かっただけでありプロジェクトマネジメントとは言えません。

PM は、中身をしっかり確認するためにも、開発製造のスキルを、PM になる前にしっかり鍛え上げることが必須条件なのです。

筆者は前著『プロフェッショナル PM の神髄』の中で何度か「失敗しない」という表現を使いました。これは、プロジェクトマネジメントは「失敗しない」ということしかないということです。うまくいったからプロジェクトマネジメントが「正しい」ということではないのです。

失敗する要因をことごとく排除する活動を常に繰り返し、自らのスキルを常に高める必要があります。そういう意味では、プロジェクトの成功が PM のスキルが十分であったという保証にはならないことが、PM の育成の難しいところなのかもしれません。

第9章

検証フェーズでのプロジェクトマネジメントの要諦

ここからは、これまで作ってきた成果物が要件通りに稼働していることを証明する工程です。「テストは、証明である」と筆者は考えています。これまで開発してきたシステムをいかにして正しいかを証明するか。これがこの工程の基本です。

「内部連結テストはこうやってきたから今回もこうやる」という考え方では、うまくいかない場合があります。今回のプロジェクトの特性を考えて、あるいは、これまでの本プロジェクトの設計・開発の状況を踏まえた上で、また、過去のほかのサブシステムの連結テストや、機能システムの総合テストなどを踏まえた上で、PMがストーリーを考えます。そのストーリーで、証明できることを自ら確信するのです。

PMは、本プロジェクトのすべての機能が頭の中に叩き込まれており、プロジェクトの進捗と品質を体感しているはずです。その上で、必要かつ十分なテストを導き出します。そして、内部連結テストでどこまで品質を保証し、外部連結テストで残りの品質をどのようにしてすべて保証できるかを考えます。足りない部分があれば、追加テストを行う必要があります。

ここで重要なのが「必要かつ十分なテスト」です。この意味は、十分なテストケースで、必要最小限のテストをやるということです。テスト工程は、全体の工程の中で比率が高い工程です。この工程を効率化することは、期間短縮につながり結果コスト削減にもつながります。しかし、念には念を、といって、本当に必要かどうかを十分に確認せず、「過去にやった」という理由で無駄なテストをするケースが多いように思います。こうした姿勢が品質問題を起こす温床になっているのではないかと思います。

多くのテストを実施すると、それぞれのテストで何を証明しているかを考えなくなります。テスト量は多いけど網羅性が十分担保されているのかが疑わしいケースが散見されます。「ここまでテストをやったから大丈夫」という発言ほど恐ろしいのです。テストのストーリーを明確にしてシステムの正しさを証明する、シャープなテストをして欲しいと思います。

本章では、「内部連結テスト工程」「外部連結テスト工程」「総合テスト工程などそのほかのテスト」に分けて説明します。一般的には、内部連結テスト工程は設計・開発フェーズに含まれる場合があります。というのも、内部設計と対になるからです。本書では、テストとして解説したほうがわかりやすいので、「検証フェーズ」で説明します。

9-1 内部連結テスト工程

内部連結テストとは、単体テストが終了したプログラムを連結するテストで、同一サブシステム内のプログラムだけを対象にします。このテストでは準備工程が重要です。なぜならば、どういった計画にしてどういったケースをテストするかで品質が決まるからです。準備作業の品質が、テスト品質を決定づけます。実際の内部連結テストは、立てた計画に基づいて、これまでPMが行ってきたプロジェクトマネジメントを実施すればよいのです。以下、8つのポイントを説明します。

9-1-1 ◆ 目的

PMは、内部連結テスト工程の品質カバー範囲を明確にし、本テストでの保証範囲を明確にします。例えば、他サブシステムとのインタフェース部分に関しては、サブシステム内のテストなので、外部連結テストを実施しないと正しいかどうかを証明できません。また、ほかのサブシステムからデータをもらい、ほかのサブシステムにデータを渡す機能は、一連のサブシステムで確認する必要があります。そのような対象サブシステムの特異性を踏まえ、証明できる範囲を明確にすることが必要です。結果的に、本工程で保証が不十分な事項を整理する必要があります。

9-1-2 ◆ スコープの決定

スコープの決定では、ホワイトボックステストとブラックボックステストを意識することが大事です。この2種類のテストは、外部連結テストにも、総合テストにもあります。

内部連結テストで初めてプログラムが接続されます。そのため、プログラム間の接続パターンはすべて網羅的にテストする必要があります。これがホワイトボックステストです。内部連結テストにも必ず「ホワイトボックステストがある」という認識を持ちます。ブラックボックステストとしては、「サブシステム内の振る舞いが、正しく動作しているかどうか」の確認となります。

担当するサブシステムは当然スコープの中に入ります。また、修正を行うほかのサブシステムが本プロジェクトに含まれる場合は、修正するサブシステム内のテストもスコープに入ると考えられます。その場合は、メインのサブシステムと修正サブシステムが連携するテストも実施するべきです。本プロジェクト内のテストとしたほうが、今後の段取りも含めて確実です。

現行機能保証テスト

次は、「現行機能保証テストの必要性と実施範囲の決定」です。この工程での現行機能保証テストは、現行システムと新システムで、同一基準の新旧データベースに対し、同一基準の新旧データを入力し、その実行結果を比較します。結果が同じであるべき機能の確認をもって、現行機能が保証されていると確認します。すなわち、新旧データベース、新旧のトランザクションデータなどのマッチングを行うことで証明します。

どのテスト工程から現行機能保証を行うかは、プロジェクトによって異なります。プロジェクトによって、内部連結テストか外部連結テストで実施することが決定されます。条件が同じであれば早めに確認するのが望ましく、内部連結テストで証明が不十分な部分が出てくれば、外部連結テストで確認します。現行機能の保証は、できるだけ早めに確認していくことがプロジェクトのリスクを低減することになるので、段階的に確認することを心がけます。いずれにしても、どういう形で現行機能を保証するか、プロジェクトごとにストーリーを作り、決定することが重要です。移行プログラムが存在する場合は、内部連結テストの一部として、同時に確認します。

9-1-3 ◆ 環境設定

ハードウエアを準備するなど、テスト環境を整備します。中規模プロジェクトの場合は、既に連結テスト環境が準備されているはずなので、基本的には、本プロジェクト特有の設定を中心とした作業が漏れないようにします。特に、現行機能の保証を行う場合のデータの準備や環境の設定は重要です。

9-1-4 ◆ テストケースの作成基準

ホワイトボックステストとブラックボックステストは考え方が違うので、作成基準が異なります。ホワイトボックステストは、プログラム接続部分のケースを網羅的に作成する必要があります。ブラックボックステストは、オンラインシステムなら画面単位を基本に、バッチシステムならトランザクションごとの振る舞いに着目します。Web系は、画面遷移の動きを中心にケースを洗い出します。オンライントランザクションのデータをやり取りするシステムの場合は、時間ごとの状態遷移に着目し、テストケースを設定します。

そのほか、「現行機能保証」の観点も必要です。この工程で実施する場合の具体的なケースを設定します。

テスト作成基準は、プロジェクトごとに異なります。目的に応じてテストケースの設定を柔軟に実施します。

9-1-5 ◆ 標準化について

既に標準化ルールがあるという前提ですが、連結テストの標準化については少し詳細に解説します。

テストケース表のフレームワークおよび記述粒度の標準化は必須です。これらはサブシステムのシステム形態によって異なります。Web やバッチなどシステム形態により、ケース設定の仕方が大きく異なります。バグ管理方法では、発生工程・サブシステムごとなどの管理項目と、想定するバグ密度、ケース密度を明確にします。ケース密度は、システム形態ごとに異なります。活用方法については、十分考えた上で判断します。ただし、その後のメンテナンスあるいは仕様変更対応には十分に役立つと考えられるので、将来のためにサブシステムごとに情報を蓄積していくべきと考えます。

ケース設定者のスキルの標準化が重要です。これは繰り返し言いますが、「品質を決めるのは人だ」ということです。確認できる人にケース設定してもらわないとテストの意味がありません。通常は、V 字モデルに従って、外部設計·内部設計を行った人になります。いずれにしても、ケース設定の妥当性については、PM 自身が確認を行うことが基本です。

次は運営方式の標準化です。問票管理・優先順位付け・ライブラリ管理・テスト実行・確認会などを定義します。ライブラリ管理は、少なくとも外部連結テスト時点では、本番に準じた運営にする必要があります。従って、この工程から、ライブラリ管理は本番並みに行うとよいでしょう。

9-1-6 ◆ テストスケジュールの確定

テストケースを設定するスケジュールと、テストケースの妥当性をレビューするスケジュールが必要になります。

サブシステムのテストシナリオに基づいて、テストケースの投入時期をスケジューリングします。検証する時間も含めてスケジュールする必要があります。ブラックボックステストの全体のシナリオを、最低2回程度は実施できるスケジュールにすべきだと思います。全体のシナリオは、例えば顧客の口座確認、次に入金処理、次に出金処理、最後に月末処理などのシナリオを作り、テストを行う基準日を設定することです。予備日を設けることも重要です。環境設定、テスト実施、バグ管理などの運営体制の整備のスケジュールも策定する必要があります。そのほか、進捗報告基準を決定し、それに沿った進捗状況を把握します。「ケース設定の進捗」と、ケースの消化・バグの発生状況など「テストの進捗」の2つを測定できる基準が必要です。

9-1-7 ◆ 終了基準

テストケースの妥当性の確認が必要です。基本的にレビューアは社員メンバーが行い、最終的にはPMが確認します。ブラックボックステストのケースに関しては、顧客が参加してもいいと思います。そのあたりは、PMが顧客と相談して決めます。

テストの実施に関しては、テストケースがすべて消化していること、バグ密度が想定された範囲であることを確認します。テストケース密度については、先ほど述べたようにプロジェクトごとに終了条件を定めてそれに従った確認をします。当然、バグ曲線も収束している必要があります（バグ曲線は、必ず収束します。収束する理由を知りたい方は、前著『プロフェッショナルPMの神髄』の215ページを参照してください）。

9-1-8 ◆ 品質保証のための活動

PMは、内部連結テスト計画のチームレビューに参加して内容の妥当性を確認します。さらに、ケース設定に関しても中身をレビューする必要があります。もちろん、ブラックボックステスト・ホワイトボックステストの双方のケース設定の妥当性も確認します。

内部連結テストは、サブシステムの機能の確からしさを証明するストーリーの観点から責任を持ってPMが確認します。実行責任のあるパートナーリーダーが、計画の妥当性に責任を持って確認し、委託者側に保証してもらいます。

ここでPMとして大事な観点は、段階的詳細化を進めてプログラムまで到達したので、今度はこれを段階的に組み上げることです。筆者はこれを「段階的抽象化」と呼んでいます。

テスト工程でプログラムを組み上げてサブシステムに、そして最終的には1つの機能システムに抽象化していくことになります。抽象化しながら品質の妥当性を証明するのです。

重要なことは、単体・連結・総合テストを通して、開発したシステムが正しいことを証明するストーリーの構築です。各テスト工程で品質の何をどこまで証明し、全体として目標の品質を達成することを論理的に証明します。それぞれの工程でどこまで証明し、どこの証明が残っているのか、つまり、「本来このテスト工程で証明すべきだが、積み残しがある。それも含めて、次の工程でどう証明するか」を決定していくのです。それで最終的に対象システムの品質が、当初の目標を達成していることを証明できるわけです。

内部連結テストのポイントは、計画通りに実施することです。そのためには、実施体制・役割分担の明確化、朝夕会の開催、検証体制・問票管理体制をどうするかといった運営体制を明確にすることです。運営面が重要になります。ただ、準備段階で運営方式は明確になっています。ここでは、それに従って実行するのみです。

9-2 外部連結テスト工程

外部連結テストからは、通常委任契約で行われることを想定しています。この工程では顧客も参加し、品質を見極めます。

今回のプロジェクトのスコープ外との接続テストがメインになるからです。PMが調整できない範囲のスコープになるということです。ただし、基本的には、PMは顧客を全面的にサポートし、自らの責任として行動することが重要です。

ただし、外部設計テストで必要なホワイトボックステストは受託責任を果たすべき内容になると考えられますので、PMが実行責任を負う必要があります。そういう意味では、準委任契約ではあるものの受託契約に近い形での実行を求められる可能性が高いと認識すべきです。準委任であっても受託並みの責任を求められるケースは、法的な判断も含めてありうると認知しておきます。結局、ITベンダーの仕事の目的は、顧客にとっての「成功」をお手伝いすること以外には無いのですから、そこを原点に顧客と二人三脚で仕事を進めていくことが大原則です。能力的に考えて顧客にできないことを顧客の責任とし、リスクを回避するのは原則に違反します。顧客の状況を踏まえた上で、顧客自身のリスクも含めてコントロールしていくことがPMには求められます。

基本的には、外部連結テストは、今回の対象プロジェクトの最終工程と位置づけられます。総合テストあるいはユーザー受け入れテストは、必ずしも必要ないからです。ただし、顧客がシステムの中身を確認したり、検収したりするために、総合テストを実施する場合はあります。

内部連結テストと同様に、外部連結テストもテスト計画・準備が重要です。これができさえすれば、後は実施するだけです。

9-2-1 ◆ 前提条件

本工程は、顧客にとってもベンダーにとっても最終工程と位置づけられます。本工程の責任者は、顧客のIT部門の現場責任者です。当然、ユーザー部門の現場責任者もシステムの検収責任者の位置づけで参加してもらいます。本工程を終了宣言するのは、顧客の両部門の責任者になります。

本工程の終了に関しては、顧客側のユーザー部門・IT部門の責任者を交えてレビューを行い判断してもらう必要があります。PMは、IT部門の現場責任者に寄り添い、実質的な活動をお手伝いすることになります。

ここからは、PMが最大限顧客の活動をお手伝いするという前提で説明します。わかりやすくいえば、IT部門の現場責任者相当の立場になるということです。こうした役割分担は、それぞれのプロジェクトの状況によって大きく変わります。プロジェクトの特性に応じた役割分担を適切に選択し、顧客と相談しながらプロジェクトに適応します。この役割分担を決めることが、本工程でのPMの最大の活動なのかもしれません。

9-2-2 ◆ テストの目的と範囲

外部連結テストの目的は、ユーザーが満足できる品質に至っていることの確認です。まず、外部連結テストでカバーする範囲を明確にします。プロジェクトのスコープ外で接続するサブシステム間、特に、このプロジェクト対応のために修正を行ったサブシステムとの間のテストが重要です。他社システムとの接続テストが必要な場合も本工程で行います。

現行機能保証のテストは、内部連結テストですべての証明は難しいので、本工程で最終的な確認を行うことになります。ここでのポイントは、現行機能を保証する範囲です。この範囲によって、準備内容も大きく変わります。

もう1つ重要な観点は、ノンデグレードテストです。新機能と現行機能が入り乱れている場合のリリース後に稼働する現行機能保証テストです。今回のプロジェクトで追加開発した部分の機能がこれまでの機能に影響を与えていないことを確認するテストです。これに関しても、必要な範囲を定め、実施方法も含めて計画に盛り込む必要があります。

9-2-3 ◆ テストケース作成基準

ケース設定する場合は2つの視点が必要です。1つめは、サブシステム間の接合部分は全網羅テストのケースを必要とします。つまり、ホワイトボックステストの視点です。もう1つは、ブラックボックステストの視点で、サブシステム間をまたがった観点で正しく振る舞うかどうかを確認するテストケースを設定します。

現行保証のテストは、基本的に、個人情報が含まれる可能性があるので本番データの使用はできるだけ避けます。そのためには、現行機能が稼働する環境を設定し、新システムと同一基準のデータ入力を行い、データベースあるいはトランザクションデータの現新マッチングが必要になります。

顧客目線で、テストケースを設定します。この場合は、例えばケース設定する対象のデータを分離する（例えば、顧客とベンダーで別のお店を割り当て、別々にケースを作るなど）などして、検証しやすいやり方をPMが考える必要があります。当然テスト計画に明記する必要があります。

リリース後の現行システムのバージョンアップ対応、メンテナンスを想定すると、テストデータの整備はこの工程で行うことが必要です。このデータを活用し、該当サブシステムのノンデグレードテストを効率的に実施できる環境を作ります。このようなことも、計画に明記する必要があります。

9-2-4 ◆ 運営

テストケース表のフレームワーク、バグ管理方法、想定するバグ密度など、内部連結テストで定めたルールを基に、外部連結テスト用にアレンジしてルール化する必要があります。既に存在していれば、それに基づいて行うことが基本となります。また、内部連結テストの進捗報告基準を踏まえて、進捗報告基準を定める必要があります。

顧客も参加しますので、顧客も含めた同一の全体ルールで行うのは当然です。また、顧客も含めた実施体制、朝会夕会などのコミュニケーション・確認会の設定と運営、部門責任者のレビュー会の設定など、運営は多岐にわたります。テスト実施をイメージし、内部連結テストでの運営を踏まえ、運営すべき項目を思い浮かべながら、PMが洗い出していくことになります。

9-2-5 ◆ 原因追究について

バグの原因追究に関して説明します。バグの発生は設計段階からテスト段階まで様々な場合があり、本工程だけに関係するわけではありませんが、本工程のバグの原因追究がすべての工程の参考になります。

真の原因を見つけるには、発生したバグの原因追究を繰り返す（3回以上）必要があります。発生した現象への対処より、発生した事象を生んだ状況の原因を追究することが大事です。なぜそのバグが生まれたのかということです。これが第1の深掘りです。第2の深掘りでは、なぜその状況が生まれたのか、その原因は何かを特定します。こういう思考を繰り返し、これ以上追究できないレベルまで行うことが真の原因分析です。

バグの主な原因とそのポイントを6つ説明します。

(1) 担当したメンバーやパートナーの個々の人の問題があります。同時に、なぜ事前に発見されなかったのか、なぜできない人に任せたか、というPMの問題でもあります。品質の問題を起こすのは人ですが、PMは各人の能力を見極めているはずです。ですから、基本的にはPMの問題なのです。また、機能的に重要なものは、自ら確認したはずです。にもかかわらず問題が起こったとしたらPMの問題となります。いずれにしても、なぜそのようなことが起こったのか、該当の人のスキルのどこを見誤ったのかを冷静に分析することが大切です。その上で、どの工程から影響が出て、どの範囲の見直しをすべきか論理的に整理する必要があります。

(2) 要件定義が不十分で仕様変更が多発したことが考えられます。要件定義の品質を保証するのはPMですが、この場合の原因は顧客になります。当初担当した人の問題なのか、あるいは、ユーザー部門で複数の考え方があって、レビュー・テスト時に問題が判明したのか、担当責任者と部門責任者の方向性に差があったのかなど、いくつかの可能性の中から本来の原因を特定する必要があります。最悪、顧客体制を見直します。また、要件定義でのベンダー側の対応姿勢に問題があるケースも存在します。本書を参考に、発生した工程を特定して原因を分析しましょう。いずれにしても、要件定義の内容についてPMが十分認識し、顧客の問題を解決できるレベルに品質を持っていったとしたら、このような状況にはならないはずです。なぜなら、顧客の品質も見抜いていたはずだからです。

(3) 現行機能保証が不十分で品質不良が多発している場合です。要件定義あるいは設計・開発のどの工程、どの部分で問題が発生したかを確認した上で、原因を追究すべきです。

(4) デグレードの多発、手順ミス、運用ミスが多発する場合もります。この場合、開発手順や、手作業に依存したテストや運営などの運営方式の問題である可能性が高いです。

(5) 状況の把握が遅く現場が混乱し、対応が適切でなかったケースもあります。これは、慢性的な体制不足が継続しているため、結果的に十分な段取りが組めず、仕事の優先順位が緊急性だけになっている、といった場合に表れてきます。

(6) 予期せぬ事態が発生したというケースはよく聞きます。ですが、本当に予測不能だったのでしょうか。予測できなかったことのほうが、問題ではないでしょうか。できるだけ事態を予測し、対策を事前に行うことが、常にPMには問われています。PMはプロジェクトを体感しているわけですから、予期せぬ事態になることが大きな問題です。逆に予期した問題が予期したタイミングで起きることが重要で、この状態が、「リスクをコントロールしている状況」と言えます。問題が起こらなかったとしたら、ただ運が良かっただけです。問題が起こらなかったとしても、なぜ起こらなかったかを追究することが必要です。もしかしたら、何かを見逃しているのかもしれません。PMは、常に最悪のことを想定し、細心の注意をプロジェクトに向け続ける必要があります。

計画準備が整えば、後は計画に沿って実行し、テストを運営します。運営に関しては、内部連結テストを参考にしながら、計画に基づいて実施することが肝要です。そして、最終的にPM自身が納得した外部連結テスト報告を顧客の現場責任者とともに行い、顧客責任者のレビューを受けます。その際、プロジェクトの残した問題・課題を含め明確化して顧客と合意することが重要です。テストですべてを証明することは非常に難しいという現実があります。ただ、その中で、証明できる範囲に関しての精いっぱいの論理的アプローチを顧客にフィードバックし、内包するリスクの軽減策も含めて顧客にレビューする必要があると思います。

9-3 総合テスト工程など そのほかのテスト

中規模プロジェクトの場合、総合テストは限定的に必要になります。通常は、外部連結テストの中で、接続するシステムの範囲を拡大して実施することが普通です。機能システムでの確認が追加で必要かどうかをPMが顧客とともに判断し、必要と考えた場合は、スコープを明確にするのです。

また、システムの基盤部分のマイナーな修正、あるいは、一部ネットワークのつなぎ替えなど、システムテストが一部必要なケースも存在します。その場合もテスト範囲を明確にして必要なテストを行います。

総合テスト・システムテストの実施に関しては、前著『プロフェッショナルPMの神髄』の11章を参照してください。また、品質基準が極めて厳しいプロジェクトに関しては、連結テスト工程を顧客側と完全に分離して行う必要があるかもしれません。この場合は、全く別のメンバーがテストケースを設定します。そうすると、テストケースの設定漏れ、および、検証ミスをなくす効果があります。また、テストを2度行うことでテスト密度を低く抑えることが可能となり、結果的に想定されるバグ件数を最小限に抑えることが可能となります。

また、極めて重要度の高い業務の場合は、本番データを活用し、本番と同様のトランザクションでテストを行うと、重要な機能を繰り返しあらゆるパターンでテストすることになり、結果的に重要度の高いケースのラッシュテストを行ったことになります。そうすると、重要度の高い機能のバグを最小限に抑えることができます。

第10章

移行での
プロジェクトマネジメントの要諦

いよいよ本番環境へのリリースです。本書が対象にしている中規模プロジェクトでは、基幹データベースの全面的な移行を対象としていません。その前提で、データ移行・システム移行・人の移行・リリースの4つに分けて説明します。

10-1 データ移行

データベースの移行といっても、一部項目の追加あるいは初期化など限定的な対応を想定します。このようなデータの切り替えは、リリース前に、事前に切り替えておくことがお勧めです。リリース時には、できるだけ作業を減らし、リスクを軽減することが重要です。

データベースの切り替えには2つの方法があります。1つはデータベースの切り替えプログラムを使う方法で、もう1つは既存プログラムの中で項目を置き換える方法です。バッチシステムですと、対象データにアクセスするプログラムが通常ありますので、この方法がリスクも低くお勧めです。

10-2 システム移行

システムを分解すると大きく3つに分けられます。1つめは「システム基盤」と言われている部分です。具体的には、ハードウエア、基本ソフトウエア、DBMSなど、アプリケーション以外の様々なソフトウエア、あるいは、それらのパラメータ設定などが相当します。2つめはシステム基盤の上で動作する「アプリケーション」、3つめは「ネットワーク」です。システム移行とは、新システムの3つの部分を正しくリリースすることです。システム基盤とアプリケーションに関しては、基本的に先行リリースします。新システムの最終品質を確認した後は、リリースまで変更しないのが基本ですが、どうしても手を入れる必要があった場合、確認方法を明確にしてから修正します。

ネットワークに関しては、一部リリース時に現行から切り替えが必要な場合があります。この場合は、移行リハーサルを実施し、問題点をすべてクリアにする必要があります。リリース手順とトラブル時の切り戻し手順の双方を、本番環境と同じ条件で確認します。ただし、一部の手順は直接確認できない可能性があるので、間接的な確認を含め、リスクを低下させる工夫を考えます。場合によっては、トラブル対策も同時に検討する必要があります。

10-3 人の移行

この観点は忘れがちです。ただ、中規模プロジェクトでは追加される機能範囲が限定的なので、マニュアルの事前配布で十分な場合が多いと考えられます。場合によっては、研修などが必要になりますので、PMは顧客と相談して必要な手立てを立案することが求められます。マニュアルの作成や改定は必須ですので、顧客のタスクと位置づけ、プロジェクトとして管理することが望ましいです。

10-4 リリース

まずは、リリース体制と連絡体制の確定です。PMが作成した個人ごとのスケジュールを基に顧客も含めたリリース体制と連絡体制を明確にします。一番よいのは、事前リリースを極力行い、リリース作業と確認作業を最小限にすることです。

その上で「判断ポイント」が重要になります。段階的に確認するポイントを設けることがコツです。最終的には顧客の部門責任者も含めた確認が必要です。その場合、限られた時間で判断するので、段階的な確認ポイントで状況を常に把握し、顧客が正しく早く判断できるように的確な情報を提供します。これらをまとめて「リリース計画」を策定します。

「リリース OK」と判断するポイントは、事前に合意し、その状況にあることを確認します。リリース NG の場合は、事前に作成したリリース計画に基づいて、計画に沿った現行システムへの切り戻し作業を実施します。リリース OK を出した後、致命的な問題が発生した場合は、適切な承認行為を経た後、リリース計画で想定したコンティンジェンシープランに従って粛々と対応します。

第11章

PMの心得

ここまで、主にPMに求められる技術を中心に話をしてきました。技術はプロフェッショナルの前提条件ですが、PMにはプロジェクトを進める上でのリーダーシップも欠かせません。本章では、「PMに求められる考え方や気持ちの持ち方」を話していきます。具体的には、各プロジェクトメンバーとどう向き合うか、周りの人にいかによい影響を与えていくか、などについて説明します。

なお、コミュニケーションは非常に重要ですが、これに関しては、前著『プロフェッショナルPMの神髄』を参照していただければと思います。

11-1 プロとしての自己確立

PMは、顧客、同僚（プロジェクトメンバー）、パートナーの各メンバーから、力量を認めてもらう必要があります。「プロフェッショナル」であることが求められるのです。専門性を極める道は永遠に続き、プロフェッショナルの定義はなかなか難しいのですが、「プロの基点」として筆者の考えを話したいと思います。

PMとしてのプロの基点には3つあると思います。「基本に忠実」「逃げない」「愛情」です。順番に説明します。

11-1-1 ◆ 基本に忠実

武道の世界に「守・破・離」という言葉があります。「守」というのは、基本に忠実という意味です。その上で、現実の場面では基本を組み合わせたり、基本にアレンジメントを加えたり、新たな自分の独自のやり方を行ったりします。それが「破」に当たりますが、「破」というのは、基本を逸脱することに、ある意味喜びを見いだすレベルです。

「離」は、たくさんの経験に基づいて経験を体系化し、その場面に応じて最適な方法を自然に選択していくことだと思います。極めれば極めるほど経験が体系化され、それ故により良いやり方を自然に求め、結果的により柔軟な対応ができるようになると、筆者は思っています。

プロというのは、「守」を達成することがスタートです。「守」を達成できれば、現実の中では、必然的に「破」レベルに行かざるを得なくなります。

「守」、すなわち、基本に忠実ということを深堀してみましょう。いわゆる教科書レベルを基本とすると、そこに書かれていることは何でしょうか。数学や物理や化学などの教科書で考えます。そこには、公式などの理論の正当性を解説している部分が大半です。2次方程式の解の公式を例にすると、解の公式を導き出すプロセスを説明しています。こうしたプロセスを正確に覚えている人は少ないかもしれませんが、実は、公式そのものより、公式を導き出すプロセスが重要だと思います。解の公式を当てはめることしか考えていない人は、基本に忠実とは言えないと思います。基本に忠実とは、原理原則を理解していることです。システム開発の場合、数学のように原理原則から積み上げられた理論とは異なり、ある程度の前提条件を置いた上での論理的なプロセスに基づいた理論となります。従って、前提条件、あるいは、論理的なプロセスを理解していないと、現実に適応する場合、役に立たないのです。

ところが、システム開発の仕事は、前提条件をあたかも原理原則のように捉え、現在の開発の仕方をいかに早く着実に行うかというハウツーレベルの学習が主流になっているように思います。皆さんが向き合っているシステムは、実は世界に1つしかないシステムであり、そういう意味では極めて特殊なものを相手にしているという事実を認識する必要があります。担当しているシステムの仕組みをより深く理解し、どういう前提条件の上で成り立っているかを理解する。それこそが、基本に忠実ということだと思います。

前述しましたが、筆者はよく「ただのSE」になれと言います。「ただの」とは「どんなシステムでも」と言い換えてもいいです。プロであるなら様々なシステムに対応することが求められます。特定のシステムにしか対応できないSEは、プロとは言えません。情報処理試験などの資格を取得しても仕事に役に立たないと言う人がいますが、情報処理資格は「ただのシステム」を前提としてしているもので、特定のシステム向けではありません。だから仕事と関係ないと感じるのでしょうが、エンジニアとして基本的なスキルは習得しておくべきだと思います。

基本的なシステムの仕組みを論理的に理解していることが必要です。具体的には、コンピュータサイエンスのような基礎的なこと、インフラと言われるシステム基盤の基本的な仕組みの理解、7階層からなるネットワークの基本、DBMSなどのソフトの仕組みと役割、システムの運用に関わる仕組み、ライブラリ管理などの理解が必要です。

その上で、SEとしての基本的な振る舞いを習得し、概要設計・外部設計・内部設計・詳細設計・コーディング・連結テストなどの一通りの開発工程を経験して人に教えられるレベルになっていることが必要だと思います。このレベルに達した上で、様々なプロジェクトを経験し、その経験を自分なりの技術体系に組み立てていく。そうしたことを続けることによって、成長が持続するのではないでしょうか。

自分なりの技術体系を組み立てるには、「なぜそのように対応したか」を常に理論的に確認する、すなわち、検証し続けることにより実現できます。常に疑問を持ち、考え続け、真実を求めることを自律的に行う。これが、PMにおける「基本に忠実」だと考えます。

11-1-2 ◆ 逃げない

システム開発をしていると、解決不可能と思われる問題に直面します。そうした厳しい状況を乗り切るのは誰にとっても困難なことです。でも、PMは「逃げない」ことを求められていると思います。プロとして仕事を請け負っています。たとえ委任契約であっても、基本的なPMのスタンスは顧客と運命共同体であり、顧客のプロジェクトを成功させることが第一の使命です。そもそも、顧客単独では技術的に困難なので、あなたを信頼してお願いしているのです。この現実を踏まえ、プロジェクトを成功させるために、逃げずに前を向き、課題の解決に努めなければなりません。

「それはそうだけど、予測不能な問題に直面したらどうすればいいの」という声が聞こえてきそうです。そういった場合は、本当に予測不能だったのか、予測可能であったけど、予測できなかっただけではないのか、と自分自身に問い続ける必要があります。これが検証です。こうした問いを繰り返すことで、PMとしての技量を上げていくことができます。ただ、これは、今後のためにはなりますが、対応すべき課題への対応にはなりません。

「解決不可能な課題をどうするか」に対する筆者の答えは簡単です。解決可能な課題に変えるのです。「不可能な」を分解し、何が不可能なのかを突き詰めるのです。例えば、この期間で、この機能を作ることが不可能だとすると、期間を延ばす、機能を分割して段階的に対応するなどの「解決可能な課題」にしていくのです。つまり、ほかの選択肢を作ることになります。期間延長も分割対応も難しいとなると、PMのコントロール可能なレベルを超えてしまいます。この場合は、PMの上長に相談し、上長が持つ選択肢を考える必要があります。レベルを変えるということです。例えば、上長の判断で体制強化してもらうなどです。とにかく、「不可能、あるいは、極めて対応が困難な課題」を、ほかの選択肢に変えていくのです。頭を使って、前向きに課題と向き合うのです。そして、その困難な事態を今後避けるためにも、予測不能な事態を、予測可能に変える努力を常にし続けることが大切だと思います。

11-1-3 ◆ 愛情

これまで、顧客の立場に立って、顧客と同じ目線で、顧客の問題を見つめ、一緒に解決しなさいと言ってきました。また、プロジェクトの成功には、メンバーの成長を促すことが欠かせませんと言ってきました。これは、PMの重要な活動です。メンバーの成長によりチームの総合力は上昇し、品質も生産性も向上します。さらに、パートナー各社とも、パートナーシップの構築は必須です。プロジェクトに関わるすべての人に対して、PMは常に気をかけ続けることになります。大変なことです。

これを実行するのに簡単な方法が「愛情」を持つことです。お客さん、メンバー、パートナーの方々を好きになりましょう、ということです。好きな人が喜ぶことを行って、それを手間だと思う人はいません。こちらが好意を持って接すれば、相手も好意を持ってくれるものです。そうすれば、メンバーは期待以上の働きをしてくれますし、パートナーもより良いものを作るべく努力を惜しまないものです。顧客が好きであれば、顧客が喜ぶことを提案するのに骨身を惜しまないものですし、結果、顧客が喜んで様々な活動に積極的に協力してくれます。顧客自身も自らの仕事をきっちりと行うようになると思います。

「愛情」は、PMにとって、プロジェクトの品質と生産性を向上させ、プロジェクトを成功させる大事な心得です。顧客、メンバー、パートナーにとって、本当の意味での「喜び」を常にぶれなく追究する気持ちが「愛情」の基本です。

11-2 一歩先を行くマネジメント

この本で何度もお話ししましたが、PMは、先を見てプロジェクトをマネジメントする必要があります。中規模のプロジェクトであれば、かなり早い段階でプロジェクト終了までのストーリーが見えているはずです。また、想定されるリスクが順調に課題化したとしても、事前に影響範囲の低減に向けた活動がなされているはずです。そもそも課題化しないようにコントロールされているリスクも多々あるでしょう。こういうプロジェクトは極めて順調であり、致命的な課題が発生しないラッキーなプロジェクトのように周りから見えます。実はそう見えるだけで、よほど難易度の低いプロジェクトでない限り、ラッキーなプロジェクトはありません。こういう状況を作り出すことが、PMの本当の力です。プロジェクトが完全にコントロールされている状況で、PMの先を見通す力が存分に発揮され、すべての事象が想定内にあるのです。

そのためには、メンバーやパートナーのやるべきタスクが2カ月程度先まで個人レベルでだいたい把握できており、各タスクが実施されるための課題を解決しているか、または、解決の目処が立っている必要があります。2週間に1度は、2カ月程度先を見通し、タスクの詳細化をしていくとともに、リスクの洗い出しを行う必要があります。そして、終わりを意識したストーリーに影響がないことを確認し、想定外を想定内にどうしたらできるかを常に問い続けることが必要です。

PMだけが先を見てマネジメントをしていますから、様々な意思決定をするのはPMの責任です。民主的な判断ではありません。そして、なぜそうしたかを顧客やメンバーに対して説明する責任があります。

11-3 検証力を鍛える

本書で対象にしている中規模プロジェクトは、PMが十分に中身を押さえることができる規模です。つまり、見切れるプロジェクト規模なのです。その中で、PMが、様々な活動を行っていくことになります。そうするといくつか想定と異なる事象が発生します。大小はあるかと思いますが、想定と現実の差異は必ず発生します。通常、差異は想定より良いケースと悪いケースが存在します。PMは将来の予測を悲観的に見ることが基本だと思います。いわゆる「最悪のケース」を想定するのです。ただし、客観的な範囲での「最悪のケース」です。何でもかんでも悲観的に見ると対応するために生産性を悪化させることになりますので、バランスが重要です。

ここで注意したいのは、悲観的に見たにもかかわらず、さらに想定より悪いケースになった場合です。なぜそのようになったのかを冷静に分析し、検証することが大事です。想定が外れた理由を常に分析・検証し続けることで、想定が当たる確率を着実に上げることができます。

また、プロジェクトでは、ある意味直感で判断し、メンバーに指示する場合があります。この直感に関しては、根拠が実はないことを認識すべきです。従って、必ず翌日までには判断の妥当性を証明する必要があります。これが検証です。これを続けると自分なりの知識体系が成長し、結果的には直感が当たりやすくなるのです。

「必要条件」ではなく「必要十分条件」

重要なのは「必要十分条件」で考えることです。これまで述べたことを、ここでもう一度整理してお話します。PMがタスクを洗い出すとき、「必要条件」をたくさん挙げて満足する人がいます。システム開発プロジェクトに限らず、事業計画などでも同じようにする人は少なくありません。「この事業にはこれだけの作業が必要です」と言うのですが、その作業を全部やれば事業はうまくいくのでしょうか、といつも思ってしまいます。システム開発プロジェクトも同じです。スケジュールが進むにつれてタスクは順次詳細化されます。詳細化されたタスクをすべて行えば、詳細化前のタスクの目的が達成されると確認しているのでしょうか。

網羅性が大切であると説明しました。そのためには、常に段階的に詳細化する中で、抜け漏れがないことを証明するために、詳細化したタスクをすべて行えば、そもそものタスクの目的を達成できるかどうかの検証が必要です。これが十分条件です。もう1つ重要なことは、詳細化した作業がすべて必要かどうか、すなわち、無駄なタスクが紛れ込んでいないかということです。必要条件だけでタスクを挙げていくと、特にテスト工程では様々なテストを余分に実施するケースがあります。Aテストと B テストをやれば C テストは必要がないのに念のためにやる、といったケースです。こうすると各テストで保証する範囲があいまいになり、かえってテスト漏れを起こす可能性があります。何ごとも、無駄な作業をすれば、ミスをする可能性が増大します。そういう意味では、必要で十分な最小限小タスクに順次分割することが重要です。

想定外というのは、想定すべきタスクが漏れていたことに端を発します。やるべきことがなされていないから、想定外のことが起こるのです。どこかの時点で認識すべきタスクが漏れたということです。どこで漏らしたかを押さえた上で、なぜ漏れたかを考える。これが検証です。常に、必要十分条件を念頭に思考するのが重要です。

第12章

ソフトウエアエンジニアリングの今後と対応

2017年11月に米国に出張しました。ここ最近は、定期的に米国の状況を把握すべく年に1回は行くようにしています。2017年はドイツ、イギリス、カナダにも訪問し、技術の変化があらゆる場面で浸透していることを思い知らされました。そこで本章では、アプリケーションのアーキテクチャーが大きく変化していることを中心に説明し、プロジェクトマネジメントにどのような影響が出てくるか、筆者の見立てをお話ししようと思います。

また、アプリケーション開発に極めて大きい影響を与えると見込まれている「クラウド」に対して、筆者の見方とその影響を説明します。2017年の米国出張ではクラウドの大手3社、Amazon.com（Amazon Web Services）、Microsoft（Microsoft Azure）、Google（Google Cloud Platform）を訪問し、エンジニアとディスカッションすることで、クラウド事業者の奥の深さと勢いを感じるとともに、筆者の状況認識が間違っていないことを確認しました。そのほか、Salesforce、Capital Oneなどの関係者から直接状況を確認し、アプリケーション開発の不可逆的な進化を体感できました。

これらの技術変化の根本には現在のシステム開発が抱える課題があり、新たな技術はそうした課題を解決する方向性を示しているように思えて仕方ありません。今の技術変化は、必然なのだと思います。

12-1 IT 分野（ソフトウエア）が抱える危機

現在、日本のユーザー企業も含む広い範囲でのソフトウエア業界はいくつもの危機を抱えています。筆者が特に深刻と考える5つ、「要件定義の不能」「システム規模の巨大化」「既存システム開発費の固定化と巨大化」「開発スピードの停滞」「システムに求められる品質と信頼性」について説明します。

12-1-1 ◆ 要件定義の不能

要件定義には2つの大きな問題があります。

1つは、最近のシステムは要件定義の前提条件が不安定なことです。「デジタル革命」と叫ばれ、IT をビジネスに活用して変革しようとする企業が増えています。本来、デジタルの話とビジネスの話は異なるのですが、IT 抜きではビジネスを語れない状況になっているので、「SOE（System of Engagement）」と称して各社は対応を進めています。SOE とは「システムを通した顧客との絆」とでも考えたらいいでしょう。この背景には、IT を活用すれば、企業は最終顧客と個別に絆を結ぶことができるようになったことがあります。当然、このようなシステムは、最初から要件を決定できるものではありません。例えば、セグメントされた顧客の反応を見ながらセグメント自体を見直したり、顧客へのアプローチ方法を見直したりして、常に要件を変更していくことになります。

つまり、要件定義の前提条件が不安定なのです。このケースでいえば、これまでの開発の場合、セグメントの分類数や階層構造、セグメント間の相関関係などで、システムを設計する上である程度決めておきたい事項があります。ところが、これらの事項も確定しません。つまり、従来型のウォーターフォール開発での対応は困難です。言わずもがなですが、ウォーターフォール開発を成功させる最も重要なポイントは、要件変更を最小限に封じ込めることです。なぜなら、要件変更を行うと手戻りが発生し、コストも期間も数倍かかるからです。

現在は、要件変更に強い開発方式が求められているのです。これについては本書でも繰り返し説明したように、「疎結合にする」という考えが重要です。いかにプログラムレベルまで疎結合な形を求めていくかが最大のポイントになります。

システムが業務機能を隠蔽する

要件定義の問題の2つめは、レガシーシステムに代表される既存システムのブラックボックス化です。

既存システムは、日本の多くの企業の足かせになっているのは間違いありません。しかし、作り直そうとしても、顧客自身が既存システムの業務要件を定義できなくなっています。これを筆者は「システムが業務機能を隠蔽する」と表現します。

また、要件定義フェーズの情報が更新されていない、あるいは、情報がそもそもなく、信じられるのは実際のプログラムコードのみという状況です。残念なことに、前述したようにプログラムからリバースし、上流工程の設計情報を作り出すことは困難です。なぜなら、プログラムのどこを見ても処理概要は書かれていないからです。概要設計に必要な情報の多くは、プログラムの持っている情報だけからは復元不可能です。開発工程が進む中で、各工程での全体の情報量は拡大していきますが、同時に失われる情報も確実にあるのです。逆に言えば、各工程にしかない独自の情報があるということです。特に、論理設計と物理設計に乖離が大きく、バッチシステムに関しては特に難易度が高いといえます。

既存システムを再構築するには、どうやって情報を復元するかが大きな問題になります。

12-1-2 ◆ システム規模の巨大化

次ページの**図 12-1** を参照してください。長年のシステム開発の変遷を描いたものです。1980 年代まではバッチシステムが中心で、1980 年代後半からオンラインシステムが登場します。1990 年代後半からクライアントサーバー型のオープンシステムの時代になり、2000 年ごろから Web システムの時代、現在はクラウド時代といえると思います。

異なる世代のシステムが複雑に絡み合いながら現在のシステムは構成されています。そして、ある意味、一度も最適化というステップを踏まず、常に部分最適で対応してきた結果が現在の状況です。

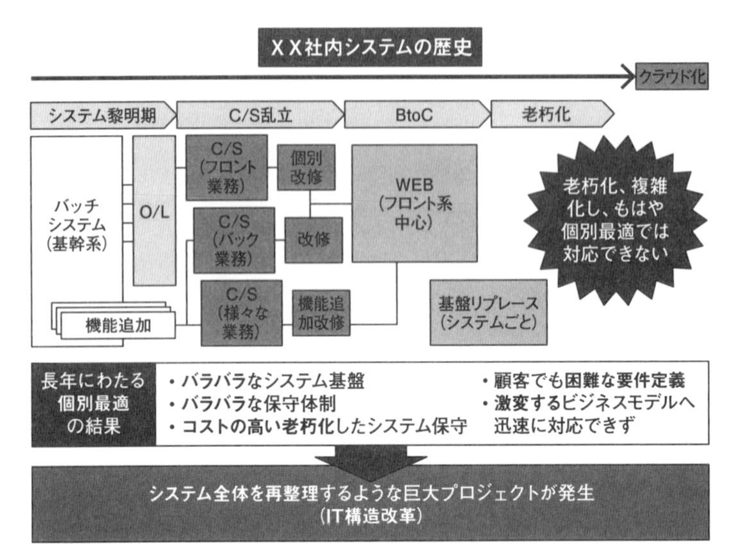

図12-1　システム開発の変遷

IT に対しての経営の不見識が生んだスパゲッティ化

さらに、当初から順次作り足してきたため、システム規模は膨らんでいます。部分最適を繰り返して既存システムを再利用し続けたため、不要な機能もコピーし、本来の機能以上にシステム規模が拡大しています。これを「スパゲッティ化」といいます。この状況は、IT 部門が事業部門の下請けとなり、最低限のコストと期限での開発を繰り返してきたために起こっていることです。IT に対しての経営の不見識が生んだものと言えます。

巨大で複雑なシステムは、セキュリティ・個人情報保護など今後強化せざるを得ない機能に関して不十分な状況であり、対応が著しく困難になっています。また、巨大すぎて、会社のシステムの全体構成図を持っていない企業も多くあります。ガバナンスが崩壊しており、これまでと違う方法での統制が必要になっています。

巨大なシステムはビジネス上の競争力を生んでいないにもかかわらず、巨大な費用をかけています。何とかしてこのシステムを作り直したいのですが、極めて難しい問題です。

この問題はPMBOKレベルの1つ上の規模になり、一般的には、P2M（プログラム&プロジェクトマネジメント）と言われる「プログラムレベル」の方法論が必要になります。これについては、『IT分野のためのP2Mハンドブック』という本が参考になります。しかし、具体的な手順としては、まだまだ課題が山積しており、十分なレベルに達していません。

12-1-3 ◆ 既存システム開発費の固定化と巨大化

次ページの**図12-2**は、JUAS（日本情報システム・ユーザー協会）とNRIで共同調査した結果の一部です。全体で7割の企業が、レガシーシステムに対して危機意識を持っているのがわかります。

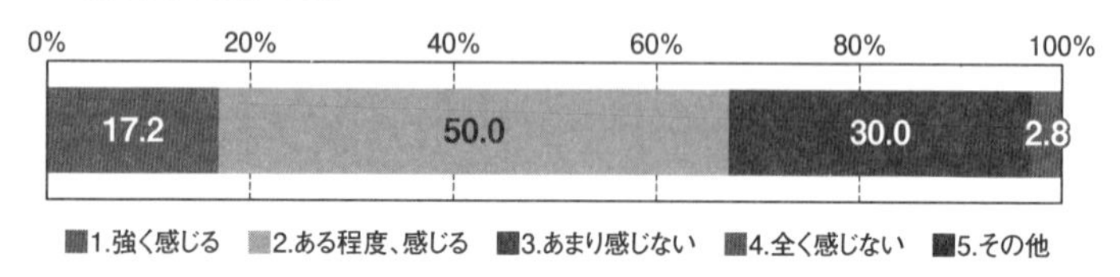

図12-2　JUASの調査結果

JUASの調査では、IT予算のうち約8割がランザビジネスに振り向けられ、わずか2割しかバリューアップ投資に向かっていません。これは、既存のお客様の投資の8割が安定的にベンダーの売り上げになっているということです。このような状況を放置しておくと、顧客の競争力が失われ、ベンダーへの価格の引き下げ要求が当然起こるでしょうし、顧客が競争に生き残れない可能性も増加していくと考えられます。IT人材の75%がベンダー側に集中している日本では、ベンダーの責任でこの状況を打破していくべきだと考えます。

また、各事業部では、IT部門での対応が困難と見て、独自でIT化を進めています。これを「シャドウIT」と呼びますが、全く統制が取れていないので、個人情報保護・セキュリティの観点でのリスクが高くなっています。こうした状況に対応するには、中央集権的なガバナンスではなく、新たな民主的なガバナンス方式が求められると思います。

12-1-4 ◆開発スピードの停滞

SOEの世界が広がっていく中で、リアル店舗の必要性が低くなっているのはある意味時代の流れなのかもしれません。必要性が低くなるというより、選択肢が増えてこれまでの活用の仕方が変化してきているというのがより真実に近いと思います。2018年1月、東京に大雪が降りました。数日前から天気予報では大雪を予想しており、見事に的中し、想定する最大の雪が降りました。最近の天気予報は精度が上がり、かなりの確率で天気を予想できるようになってきています。リアル店舗で雪かき用のスコップを店頭に引っ張り出し、販売していたお店は、ひと儲けしたに違いありません。

何の話かと思うでしょうが、よく考えてみると、顧客のニーズは日々変化し、その変化を捉え、適切に対応していくことが競争に勝ち抜く本質です。特にSOEの世界では、ITを活用して変化を予想し、いち早く対応していくことが重要です。ちょっと前にはやった「今でしょ」ということが、SOEでの必須要件だと考えられます。

ECサイト最大手のAmazon.comでは、売れ筋商品はアクセスしやすいところに即座に配置していますし、キャンペーン情報などを日々掲げて顧客を誘導しています。そのために、Amazon.comでは「DevOps」という方式で毎日「1000」を超えるリリースを行っています。2017年は年間50万件を超えるリリースを行ったようです。

日本の現状はどうでしょうか。頑張っている企業でも、せいぜい3カ月に一度の割合でリリースし、まとめて機能向上を図っている程度ではないでしょうか。

ビジネスがIT活用を前提に動いているので、SOR（System of Record）では許されていた開発のスピードでは許されない状況になっています。顧客セグメントへの対応に関しても、仮説、テスト、検証、さらにそれに基づく仮説のバージョンアップを繰り返しながらビジネスを構築することが求められます。そのためには、仮説とテストを繰り返すサイクルの短縮化が優劣を決します。不確実だからこそ、変化への対応スピードが求められるのです。

12-1-5 ◆ システムに求められる品質と信頼性

米国の電気自動車企業であるTESLAは、自動車が燃えてしまう問題に直面したそうです。雨が降ると安定性を高めるために自動的に車体を下げる仕組みになっており、たぶん道の悪いところだったのでしょう、車体が道の石ころか何かと接触し、車体の最下部に亀裂が入ったことが原因だそうです。電気自動車には底にたくさんの電池が敷き詰めているので、ショートを起こして発火したようです。これは、大問題です。大量のリコールが発生し、かなりの損害が発生したと思いきや、リコールは発生しなかったのです。

なぜなら、すぐさま車体の下げ幅を調整するようにプログラムを修正し、全車に修正プログラムを配信したのです。これは、様々な制御が、ハードウエアからソフトウエアに移行されていることを表しています。実際、日本の自動車もソフトウエアへの依存を高めています。ハードウエアの異常をソフトウエアで検知して対応するケースが増えています。そもそもハードウエアは、暦年劣化や使用による劣化から逃げられません。空気中には酸素があり、雨も雪も降り、温度変化も激しいのでハードウエアは劣化します。ところが、ソフトウエアは劣化しません。さらに、プログラムを変えれば、制御方法を変えられ、最低限のコストで、販売後も機能を向上できるというすばらしい特性を持っています。制御は、どんどんソフトウエアへシフトしていくと考えられます。

ところが、ソフトウエアにはバグがつきものです。ハードウエアのように、規定された仕様に基づく部品の組み合わせで作られていないことが理由の１つです。さらにハードウエアの場合、完成形は限定されており、品質チェックの方法も同一方法が適応できるので、品質が保証しやすい構造になっています。

ソフトウエアには部品の規定がありません。完成形自体も規定されておらず、バラバラなのです。つまり、バラバラな部品群を活用し、バラバラなプログラムを作り、個別に作り上げているのがソフトウエアです。従って、品質の保証もバラバラになり、バグを極限までなくすことは極めて高いコストと期間を必要とし、対応が困難な状況です。

一方で、様々なシステムが接続し始めています。それぞれのシステムが他システムと密接に絡み合う構造になっているのです。このままでは１つのシステムのトラブルが様々なシステムに影響を及ぼしかねません。そういう意味では、ネットワークですべてのものがつながる社会は、便利な半面大きなリスクにさらされているのです。この状況を打開するには、そもそもバグを最小限にし、機能の分散化・冗長化と、自律的にトラブルを回避する仕組みを備えたシステムに変わっていく必要があると思います。

12-2 クラウドがもたらす脅威

図12-3を見てください。これは、クラウドサービスを機能階層的に分解したものです。

Amazon Web Services（AWS）などは図の左側から順次、右に移行しています。残念なことに日本の多くのクラウドベンダーは左の状態にとどまっていると考えられます。Googleは一番右の状況になっており、日本の一般企業が一気にGoogleのクラウドサービスにシフトするのは難しいでしょう。

ただ、新たなベンチャー企業、あるいは、新たな事業領域での活用は大いにありえます。**図12-3**の右の状況が、最もシステムの競争力がある状態だと思います。

■クラウドベンダーの機能分解図

・ITシステムに必要な**ソフトやハードを自前化**して「コスト削減」、「サービス向上」を実現。
・既に通信・サーバー機器やその部品（半導体チップ）、国際海底ネットケーブルまで自前化。
・ITシステム利用者は必要なときに必要なサービスをクラウドベンダーから手に入れられる。

➡クラウドベンダーがIT社会を支える「社会インフラ」企業となりつつある。 **➡従前IT化を担ってきた機器・ソフトメーカー・通信キャリアのビジネスが侵食されている。**

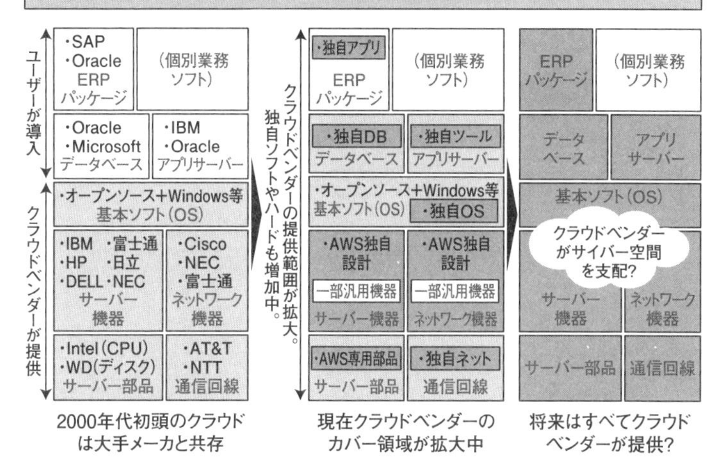

図12-3　クラウドベンダーの機能分解図

　次に、次ページの**図12-4**を見てください。各種資料からNRIが推計したクラウドのシェア状況を示しています。米国のクラウドベンダーの寡占化が進んでおり、対抗できるのは中国くらいだと考えられます。

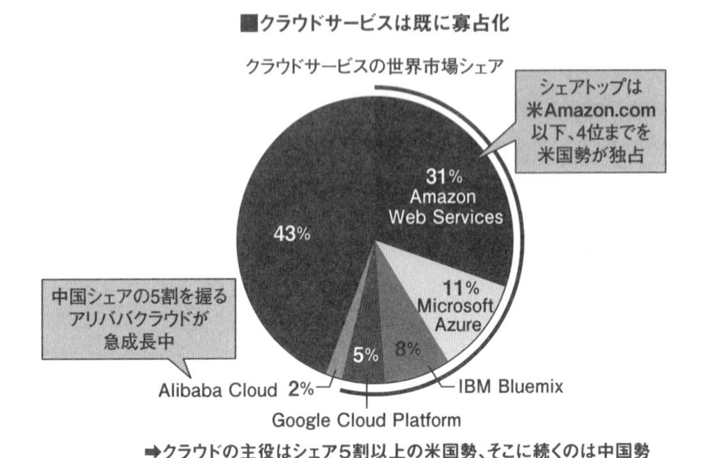

図12-4　クラウドベンダーのシェア

クラウドベンダーの担当者に聞いたところ、2017年の世界のハードウエアの半数以上をクラウドベンダーが利用しているそうです。クラウドの非機能要件は一般的なレベルをはるかに超えていますので、クラウドベンダーはハードウエアを自分たちで設計し、各部品を規定して部品メーカーから直接納入してもらい、組み立て自体も独自に行っているそうです。つまり、クラウドベンダーは、ハードウエアベンダーでもあるのです。

さらにGoogleは、人工知能（AI）用にTPUというCPUも独自開発しています。そういう意味では、巨大なハードベンダーやCPU提供企業の領域も彼らの事業領域になっているのです。ただ、彼らは、機能的にはハードベンダーですが、あくまで自社のために開発しているのであり、今のところ他社へのハードウエアの提供は考えていないと思います。

クラウドベンダーは経済合理性から自前でそろえる

また、ネットワークの世界でも巨大化しており、独自に海底ケーブルを世界に張り巡らせ、キャリアとしても巨大なネットワークを作り始めています。最近では発電所も作り始めており、電気の供給も自前化を始めています。外部のサービスを活用するより、自前で備えたほうが、経済合理性があるからです。また、自前化により、ほかのクラウドベンダーや、特にプライベートクラウドとの価格優位性を追求できるからです。

AWSは、ECサイトのAmazon.comを通してEC領域での顧客情報と膨大な売買データを有しています。Googleは、検索機能や写真・メールサービス、Androidを通して膨大な画像・音声データを取得しています。2017年には両社とも年間1兆5000億円を超える巨額投資を実施しているという話もあります。Microsoftも少なくとも1兆円を超える投資を行っていると想定されます。

これらのことから言えるのは、ハードウエアベンダーの衰弱です。IBMは20期を超える売上低下という状況に陥り、2017年末には一部ハードウエアの保守サービス停止も発表しています。日立製作所はメインフレームの提供中止を発表しています。これまで当たり前に提供されてきたハードウエアは、これから先、安定的に利用することが難しくなっているのです。

12-3 解決の方向性

これらの状況を踏まえると、顧客のシステムのクラウド化を進めていかざるを得ないでしょう。顧客のレガシーシステムの再構築も、リスク覚悟で真正面から取り組む必要があると思います。すべての問題を解決できるかどうかは疑問ですが、いくつかの重要な方向性について説明したいと思います。

IT部門の強化、あるいは、新たなガバナンスなども重要ですが、本書ではソフトウエア技術の解決の方向性に限って説明します。ポイントは、「新たなアプリケーションアーキテクチャーへの転換」「巨大システムへの取り組み」「現行システムの分析」の3つです。

12-3-1 ◆ 新たなアプリケーションアーキテクチャーへの転換

アプリケーションアーキテクチャーとして注目したいのは「マイクロサービス」です。10年くらい前から適応が開始され、AWS、Google、Salesforceなどでは既に使われています。最近は、既存のシステムをモノリィスシステム（知が結集されたシステム）といい、このモノリィスシステムからマイクロサービスへの移行が話題になってきています。別の言い方だと、「クラウドネイティブな開発」になります。

マイクロサービスは極めて独立性の高い仕組みなので、マイクロサービス単位にリリース可能です。究極的な疎結合を目指しています。ほかのマイクロサービスとの接続は限られた項目だけのAPI接続であり、APIからサービスを求められればそれに対して答える構造になっています。機能と関連の強いデータは、マイクロサービスの中で管理します。

少数の項目からなるテーブルをマイクロサービスが隠蔽し、ほかのマイクロサービスの求めに応じて、項目の追加・変更、あるいは、項目の参照と適切なプロセス処理を行うことになります。つまり、マイクロサービスにはリレーショナルデータベースは不要で、もっと簡単な構造、いわゆるNoSQLデータベースで十分です。マイクロサービスは、サービスを実行するためのデータを責任を持って管理することになります。まさにオブジェクト指向の極みであり、独立性の高い構造を実現しているのです。

マイクロサービスの内部は階層構造になっており、オブジェクト間もAPIで接続され、共通のオブジェクトをそのまま使う構造です。AWSでは、オブジェクトやマイクロサービスを社内で共有し、全社で活用しています。これは、品質を保証された部品をそのまま活用することであり、品質保証の観点からも有効な方法です。当然、各階層間、あるいは、ほかの階層間の接続もすべてAPI化されています。

AWSによると、マイクロサービスの1つ下の階層レベルでも単独にリリースできる構造になっているようです。現在数千のマイクロサービスがありますので、数万のリリースを単独でできる仕組みになっていると言えます。だからこそ、年間50万件のリリースが容易に可能なのです。

AWSは12人になるとチームを分割

マイクロサービスの規模は、AWSでは「ピザ2枚ルール」と呼ばれているそうです。具体的には、12人になるとチームを分割し、マイクロサービスも分割するのです。リーダーがすべてを把握できる規模で、サービスの立案から開発までチーム内で完結します。まさに、本書の対象としている規模です。この規模では、PMは、PMの前にSEでなければなりません。物を作れない、顧客の言うことをシステムに表現できない、としたら、変化に取り残されてしまうでしょう。

マイクロサービスは、APIに影響がなければ独自にリリースできます。ほとんどの場合APIに影響がないので、ほかのマイクロサービスのプロセスが変更されても影響を受けません。また、APIに変更を与えても、限定したマイクロサービスにしか影響を与えないため大きな問題になりません。つまり、手戻りが起こりにくい構造になっているのです。仕様の決まったマイクロサービスから開発することが可能になり、プロジェクトの遅延リスクも圧倒的に小さくなります。さらに、周りを固めることにより、決まらない要件が決めやすくなり、要件が収束していく効果もあります。SOEに最適な手法です。

ただ、システム開発のあり方は大きく変わります。これまでのトランザクションを中心とした要件定義ではなくなります。各マイクロサービスのサービス監視などの仕組みも必要になり、設計開発の仕方も大きく変わる必要があります。

リリースを頻繁に行うにはDevOpsの導入も必然です。システム運用の仕組みも大きく異なります。クラウド前提となるので、それへの対応も必要になってきます。当然ですが、プロジェクトマネジメントの方法もアレンジしていくことが大切です。ただ、マイクロサービス単位では、ある意味ウォーターフォールモデルが必要なので、この本で取り上げている方法は十分適用可能です。

一般に、保守フェーズに入ると、連結テスト・総合テストに占めるコストが大きい場合、全体の7割程度にもなります。また、システムの調査には相当な負荷がかかっており、マイクロサービスにすることで、保守フェーズでは10倍程度の生産性と期間圧縮が可能になると思います。新規にシステム開発する場合も、部品をそのまま活用できる状況になれば、保守フェーズ並みの生産性向上が期待できると考えられます。新たな開発技術へのスキル転換は待ったなしの状況だと思います。業界としても協力して方向性を出す時期に来ていると思います。

12-3-2 ◆ 巨大システムへの取り組み

現状の巨大システムを、対応可能なレベルのプロジェクトに分割していく方法が必要になると思います。大きな流れでは、まず、現状のシステム全体の把握、次に、あるべきシステム全体のデザイン、そして、システム全体を実現するために大規模プロジェクトの規模に分割されたプログラム計画を作る必要があります。

そして、あるべきシステムで描かれた機能システムの計画とプロジェクト計画を策定し、新たな開発方式に基づくプロジェクトを実行していくのです。このあたりに関しては、業界として取り組むべき時期に来ていると考えます。この規模のプロジェクトは極めてリスクが大きく挑戦的ですので、進めていくには、リスクの軽減を含めた日本独自の国としての仕組みも必要になってくるかもしれません。

12-3-3 ◆ 現行システムの分析

現行システムに関しては、IPA（情報処理推進機構）が、システム再構築を成功に導くユーザーガイドを2017年3月に発表しています。ハードウエア更改なのか、リホストなのか、リライトなのか、リビルトなのかを、メリット/デメリットを見極めて選択するという、現実を踏まえた内容になっています。極めてまっとうな内容ですが、顧客の競争力の観点からすると、いずれマイクロサービスを採用したリビルトを選択せざるを得ないと思います。現行機能をどのようにしてリビルドするかは大きな問題で、特にバッチシステムは大きな問題です。

そこで筆者らはバッチシステムの解析方法について研究を進めました。結論としては、昔の開発の仕方に戻って考える、ということだと思います。このあたりに関しては、今後業界内での取り扱いも含め検討していくことになると思います。

現行システムの分析は、システムの形態ごとにアプローチの仕方が異なります。大きく、バッチシステム、オンラインシステム、Web システム、対外接続システムの 4 つが基本だと思います。システム形態ごとに、分析手法を確立して適応して行くことが求められます。

現状のシステムを解析するには、現在のシステムを理解している SE が大切です。つまり皆さんです。皆さんが SE として、これまで培ってきた技術をフル活用し、新たな開発手法を身につけ、困難な問題に立ち向かっていくことを切に希望します。

大きな技術変化の波を、新たなすばらしい出会いと感じて、積極的に明るく進んでいこうではありませんか！

あとがき

本書をお読みいただき、ありがとうございました。

昨今のソフトウエア生産技術の変化には目を見張るものがあります。だからこそ、SEを基軸としたPMが求められるのです。自ら品質を見極めてシステムを作れるPM。皆さんがそうしたPMを目指していれば、様々な変化に対応できます。

本書で取り上げたマイクロサービスは、オブジェクト指向を基本的なバックボーンにしています。オブジェクト指向は1980年代から理論が発表され、PCのデスクトップなど比較的簡単な構造のアプリケーションには早くから適応が始まったのですが、複雑なアプリケーションへの適応はJavaの出現を機に始まりました。これらの背景にあるのは、ハードウエアのムーアの法則に従った圧倒的なキャパの拡大です。これまでのハードウエアによる制約からソフトウエアが解放されたのです。

我々ソフトウエアエンジニアは、ハードウエアの制約の中でぬくぬくとし、自らの進歩をあきらめてきたのかもしれません。それを反省し、今一度、顧客とともに新たな技術への挑戦を始める時期に来たと思います。米国は、業務が標準化され、業務ごとにシステムがあり、使う端末も分かれているケースが多く、結果的に、システムが疎結合になっています。日本のような複雑なシステムではありません。新興国はそもそもレガシーシステムがありません。そういう意味で、日本はレガシーという巨大な負債を抱えています。「技術負債」という言葉を聞きましたが、まさにその通りです。

最近、経済産業省や総務省の幹部の方々と話をする際、日本はいよいよまずい状況になっているという危機感を共有することが多いです。何かしらの政策が出てくると思います。

神道に通ずる「日本品質」

私は、神話のふるさとと呼ばれる島根県出雲市の出身です。その影響か、日本の古代史や神社に興味があり、神社めぐりが趣味です。なかなか忙しくて地方の神社に行けず、老後の楽しみと考えています。神社には神様が祭ってあります。ところが、多くの人は、どういう神様かを知りません。そこには、日本の神道の特異性があると思います。それは、具体的な「教え」がないことだと思います。仏教であれば仏教の宗派によって、寄ってたつ「教え」があります。浄土宗系であれば「阿弥陀仏の救いに頼りきることを根本とした教え」であり、日蓮宗系であれば「法華経を根本的な教えとして実践」を求めています。このように各宗派に教えがあります。ところが、神道には、確たる教えがないように思えます。ただ、日本人の共通の思想として、「罰が当たる」というものがあります。これは、いつも「神様」が私たちを見ていると日々感じながら、表も裏もない誠実な清らかな生活を実践するということだと思います。

また、日々の生活で「穢れ」がたまり、それを反省し、「払い清め」てもらうために神社に参り、そして、神社を通して日々の感謝をささげるのが基本的な考え方だと思います。これは、例えば東日本大震災のとき、暴動のようなものは起こらずに粛々とした態度で、お互いを助け合い、そして、レストランから避難したお客さんが、翌日に代金を払いに来るという、世界からは信じられない不思議な国と考えられている根源なのではないかと思います。これは、我々の祖先は、様々な自然災害に苦しめられると共に、水資源をはじめとした多くの自然の恵みを受けたために、自然への「畏敬」と「感謝」を意識したことによる文化なのではないかと思います。私は、この「悪いことをすれば、必ず罰が当たり、良いことをしていれば必ず誰かが見て、助けてくれる」という共通した考えが、日本の品質の根源だと思います。つまり、裏表なく、常に相手を思いながら仕事に対して向かう心が、「日本品質」を支えていると思うのです。これは他国にはない日本の強みです。IT技術をキャッチアップさえすれば、日本は十分戦えると信じています。

しかしながら、現状は大変厳しい状況にあると思います。この状況を打破するには、PMの皆さんが中心となって解決に当たることが必須です。「いいものを自ら作り出し、お客様に喜んでもらう」という原点を今一度実践していくことが本質だと思います。それこそが、品質を追求し続けることだと思います。品質の追求を果てしなく続け、その文化を次世代につなげていくことがPMの皆さんには求められます。

本書でお話したことが、少しでも皆さんの今後の活動の「応援歌」になれば幸いです。

変革の担い手は、読者の皆さんです

35年にわたり、SEとして、PMとして、このIT業界に籍をおいてきました。ここ数年は現場から離れ、NRIの代表として、IT業界のいくつかの団体の役員として活動しています。IT業界は、日本という独特の商習慣の中で、独自の発展をしてきました。そのため、顧客企業にIT技術者が少なく、また、ITに対する経営の認知レベルは、他国と比べるとまだまだ不十分です。これからは、すべての事業領域においては、ITは必須の武器となってきています。戦争では武器の能力と武器を活用する能力で勝負が決まるように、ITの使い方次第で、企業の生き残りが決まってくる世界になると思います。

日本のマーケット規模が世界に占める比率が高かった時代は終了しました。今後ますます、日本のマーケットは縮小します。世界のマーケットを前提としたビジネスへのシフトが求められているのです。

IT業界は、これまでの状況を今一度、冷静に分析し、反省するべきことは大いに反省し、顧客のために今一度、目先の利益ではなく、将来の利益を見据えた改革を進めるべきだと思います。そして、戦うべき領域と協調すべき領域を峻別し、協力し合うところは協力するという当たり前の業界になっていく必要があると思います。顧客を巻き込んで課題を解決していく責任は、IT業界にあるのです。

これらの変革の担い手は、読者の皆さんです。自分の殻に閉じこもることなく、活動の幅を広げることに関心を持ってほしいと思います。活動する場は、皆さんが求めればいろいろなところにあります。自ら積極的に活動すれば、皆さんのスキルはさらに高まります。世の中には、上には上がいます。それを常に認識することで、人は、初めて成長できるのだと思います。皆さんのあくなき挑戦に期待します。変化はチャンスです。皆さんがいろいろな意味でチャンスをつかめるように努力し、そういう努力がお客様とIT業界を変革する原動力になると思います。

最後に、なかなか筆が進まぬ私を、気長に指導していただきました日経BP社の松山貴之様には大変感謝しています。また、本書を書くにあたって、いろいろサポートしていただきましたコーポレートコミュニケーション部の井筒雅則さん、プロジェクト監理部の松石拓英さん、秘書の松原友里さんに感謝します。お客様、同業他社の皆様、NRI社員の方々の「次の本は、いつ出るのですか？」という暖かくも厳しい激励を受けたことに改めて感謝いたします。

参考文献

『リーン開発の現場　カンバンによる大規模プロジェクトの運営』
オーム社／ Henrik Kniberg 著／角谷信太郎 監訳／市谷聡啓、藤原大 訳

『改訂3版　P2M プログラム&プロジェクトマネジメント標準ガイドブック』
日本能率協会マネジメントセンター／日本プロジェクトマネジメント協会 編著

『P2M プログラム&プロジェクトマネジメント　標準ガイドブック』
日本能率協会マネジメントセンター／日本プロジェクトマネジメント協会 編著

『IT 分野のためのP2Mプログラム&プロジェクトマネジメント　ハンドブック』
日本能率協会マネジメントセンター／日本プロジェクトマネジメント協会 編／PMAJ IT-SIG 著

『宮大工棟梁・西岡常一『口伝』の重み』
日本経済新聞出版社／西岡常一 著

『ソフトウェア要求　第3版』
日経 BP 社／ Karl Wiegers、Joy Beatty 著／渡部洋子 訳

『カンバン　ソフトウェア開発の変革』
リックテレコム／ David J. Anderson 著／長瀬嘉秀、永田渉 監訳／テクノロジックアート 訳

『デザインパターンとともに学ぶ　オブジェクト指向のこころ』
丸善出版／アラン・シャロウェイ、ジェームズ 著

『図解入門よくわかる最新　PMBOK 第5版の基本』
秀和システム／鈴木安而 著

『図解入門よくわかる最新　PMBOK ソフトウェア拡張版』
秀和システム／鈴木安而　著

『システム再構築を成功に導くユーザーガイド』
独立行政法人情報処理推進機構／技術本部ソフトウェア高信頼化センター 編

『テストから見えてくる　グーグルのソフトウェア開発』
日経 BP 社／ James A. Whittaker、Jason Arbon、Jeff Carollo 著／長尾高弘 訳

『マイクロサービスアーキテクチャ』
オライリー・ジャパン／ Sam Newman 著／佐藤直生 監訳／木下哲也 訳

『失敗しない IT マネジャーが語る　プロフェッショナル PM の神髄』
日経 BP 社／室脇慶彦 著

著者経歴

室脇 慶彦（むろわき　よしひこ）
野村総合研究所　理事

1982年大阪大学基礎工学部卒。同年野村コンピュータシステム株式会社（現　株式会社野村総合研究所）入社。1999年日本インベスター・ソリューション・アンド・テクノロジー株式会社　システム企画部長。2001年4月e-システムソリューション部長、金融システム事業部長を経て、2007年執行役員金融システム事業本部副本部長、保険システム事業本部副本部長、生産革新センター長を経て、2014年常務執行役員品質・生産革新本部長。2015年4月より現職。
専門は、IT プロジェクトマネジメント、IT 生産技術、年金制度など。
情報サービス産業協会　理事、日本情報システム・ユーザー協会　監事、IT コーディネータ協会　理事。

PMの哲学

2018年3月19日　第1版第1刷発行

著　　者　室脇 慶彦
発 行 者　吉田 琢也
発　　行　日経BP社
発　　売　日経BPマーケティング
　　　　　〒105-8308　東京都港区虎ノ門4-3-12
装丁・制作　マップス
編　　集　松山貴之
印刷・製本　図書印刷

ISBN978-4-8222-5737-8
© Nomura Research Institute, Ltd. 2018　Printed in Japan

本書の無断複写・複製（コピー等）は著作権法上の例外を除き、禁じられています。購入者以外の第三者による電子データ化及び電子書籍化は、私的使用を含め一切認められておりません。

本書籍に関するお問い合わせ、ご連絡は下記にて承ります。
http://nkbp.jp/booksQA